AF874845

Wissenschaftliche Taschenbücher WTB

Mathematik · Physik

Harry Paul

Lasertheorie

I

Akademie-Verlag · Berlin
Pergamon Press · Oxford
Vieweg & Sohn · Braunschweig

WTB Wissenschaftliche Taschenbücher

ROLF BORSDORF / MANFRED SCHOLZ
Spektroskopische Methoden in der organischen Chemie

WERNER HABERDITZL
Magnetochemie

GERHARD HEBER
Mathematische Hilfsmittel der Physik, Teil I und II

A. A. SOKOLOW
Elementarteilchen

HERBERT GOERING
Elementare Methoden zur Lösung von Differentialgleichungsproblemen

HEINZ AHRENS
Varianzanalyse

HANS-JÜRGEN TREDER
Relativität und Kosmos. Raum und Zeit in Physik, Astronomie und Kosmologie

ALBERT EINSTEIN
Grundzüge der Relativitätstheorie

ALBERT EINSTEIN
Über spezielle und allgemeine Relativitätstheorie

GÜNTHER LUDWIG
Wellenmechanik. Einführung und Originaltexte

HARRY PAUL
Lasertheorie, Teil I und II

Vorschau auf die nächsten Bände:

D. TER HAAR
Quantentheorie

EBERHARD TEUSCHER
Pharmakognosie, Teil I und II

EBERHARD HOFMANN
Eiweiße und Nucleinsäuren als biologische Makromoleküle. Dynamische Biochemie, Teil I

WTB

BAND 53

Harry Paul

Lasertheorie I

Mit 24 Abbildungen

AKADEMIE-VERLAG · BERLIN

PERGAMON PRESS · OXFORD

VIEWEG & SOHN · BRAUNSCHWEIG

Reihe MATHEMATIK UND PHYSIK

Herausgeber:
Prof. Dr. rer. nat. habil. G. Heber, Leipzig
Prof. Dr. phil. habil. W. Holzmüller, Leipzig
Prof. Dr. phil. habil. A. Lösche, Leipzig
Prof. Dr. phil. habil. H. Reichardt, Berlin
Prof. Dr. phil. habil. J. Schintlmeister, Dresden
Prof. Dr. phil. habil. K. Schröder, Berlin
Prof. Dr. phil. habil. K. Schröter, Berlin
Prof. Dr. rer. nat. habil. H.-J. Treder, Potsdam

Verantwortlicher Herausgeber dieses Bandes:
Prof. Dr. G. Heber

Verfasser:
Dr. H. Paul
Institut für spezielle Probleme der theoretischen Physik
der Deutschen Akademie der Wissenschaften zu Berlin

1969
Copyright 1969 by Akademie-Verlag GmbH, 108 Berlin
Lizenznummer: 202 · 100/423/69
Gesamtherstellung: VEB Druckhaus „Maxim Gorki", 74 Altenburg
Bestellnummer: Akademie-Verlag 7053 · ES 18 B 6/7
Pergamon Press 08 0068448
Vieweg & Sohn 6053
Printed in German Democratic Republic

Inhaltsverzeichnis

Vorwort

Das vorliegende Buch ist aus Vorlesungen hervorgegangen, die ich in den letzten Jahren an der Humboldt-Universität, Berlin, gehalten habe. Es trägt daher lehrbuchartigen Charakter und wendet sich an interessierte Studenten, die mit den Grundbegriffen der Quantenmechanik vertraut sind, sowie an Physiker, die den Wunsch haben, die verschiedenen Aspekte der theoretischen Beschreibung des Laservorganges etwas genauer kennenzulernen.

Ich habe mich bemüht, die physikalischen Konzeptionen, die den jeweiligen theoretischen Behandlungsmethoden zugrunde liegen, möglichst klar herauszuschälen und dabei — soweit es geht — die physikalische Anschauung zu ihrem Recht kommen zu lassen. Die Rechnungen sind im allgemeinen relativ ausführlich dargestellt, so daß sie in den meisten Fällen ohne große Mühe bis ins Detail nachvollzogen werden können.

Es wurde keine Vollständigkeit der Darstellung angestrebt, trotzdem, so hoffe ich, gibt das Buch einen Einblick in die wesentlichen Züge der heutigen Lasertheorien. Die Laservorgänge werden mit drei verschiedenen Methoden untersucht. Die einfachste basiert auf den sogenannten Bilanzgleichungen und liefert Aussagen über die Laserschwelle sowie über die Energie- und Besetzungsverhältnisse. Das zweite, recht ausführlich dargestellte Verfahren besteht in der semiklassischen Behandlung des Gaslasers. Hier werden die Atome quantenmechanisch beschrieben, das Strahlungsfeld jedoch klassisch. Mit dieser Methode ergeben sich zusätzlich Aussagen über Frequenzverschiebungen des Laserlichtes (unter dem Einfluß der Atome), über die Koexistenz verschiedener Lasereigenschwingungen u. ä. Offen bleibt noch die Frage der Linienbreite sowie der Amplitudenfluktuationen der Laserstrahlung, die — wenn man nicht zu heuristischen Verfahren Zuflucht nehmen will — zwanglos, d. h. von den physikalischen Grundprinzipien her, nur im Rahmen einer vollständig quantenmechanischen Theorie des Lasers (bei der außer den Atomen auch das Strahlungsfeld quantisiert wird) beantwortet werden kann. Die entsprechende theoretische Untersuchung, die im HEISENBERG-Bild durchgeführt wird, liefert explizite Ausdrücke für die Linienbreite und die Intensitätskorrelationen beim Laserlicht. Nach einer Abschweifung, die auf den experimentell recht interessanten Effekt einer Aufspaltung eines Atomniveaus unter dem Einfluß einer — als Störung aufzufassenden — Laserstrahlung hinführt, wird schließlich der Verstärkungsvorgang untersucht, der sich bei Durchgang einer Lichtwelle durch eine laseraktive Substanz (d. h. ein Medium, in dem eine Besetzungsinversion erzeugt wurde) abspielt. Dabei ergibt sich ein neuer Zugang zum HEITLERschen Phasenoperator, bei dem letzterer erstmals mit einer konkreten Meßapparatur in Verbindung gebracht wird.

Der Stoff des Buches ist nach der Dezimalklassifikation gegliedert; in jedem Kapitel werden die Formeln durch die Nummer des Abschnittes sowie die laufende Nummer innerhalb des Abschnittes gekennzeichnet, nur bei Verweisen auf Formeln in anderen Kapiteln wird zusätzlich das jeweilige Kapitel mit angegeben. Die (keineswegs vollständigen) Literaturzitate wurden numeriert und sind am Ende des Buches in alphabetischer Reihenfolge zusammengestellt. Im Text wird auf sie durch die jeweilige Nummer in eckigen Klammern hingewiesen.

Bei der Abfassung dieses Buches erfreute ich mich der beständigen Unterstützung durch meinen Freund Dr. W. BRUNNER, dem ich an dieser Stelle für zahlreiche klärende Diskussionen und wertvolle Hinweise sehr herzlich Dank sage. Weiterhin danke ich Herrn Dipl.-

Phys. D. Rauh für kritische Bemerkungen und nicht zuletzt für die Freundlichkeit, mir seine (in Abschnitt 5.2 wiedergegebenen) Rechnungen über die Behandlung des gedämpften harmonischen Oszillators, bei denen das Verlustbad als ein System harmonischer Oszillatoren idealisiert wird, zur Verfügung zu stellen. Herrn Prof. Dr. G. Richter schließlich bin ich für eine Durchsicht des Manuskriptes zu Dank verpflichtet.

Berlin, im April 1968

Harry Paul

1. Die grundlegenden Prozesse im Laser

1.1. Einleitung. Das Laserprinzip

Im Verlauf der letzten Jahre fand auf optischem Gebiet eine stürmische Entwicklung statt, die unter dem Namen Laser-Physik bekannt geworden ist. Der Laser selbst stellt eine neuartige Lichtquelle dar, deren Strahlung das von den bisher bekannten (thermischen) Quellen erzeugte Licht hinsichtlich Frequenzschärfe, Richtungsbündelung und spektraler Intensität bei weitem übertrifft. Hinzu kommt noch eine große Amplitudenstabilität der Strahlung, die dem thermischen Licht fehlt. Der Laser gibt damit dem Experimentator völlig neue Möglichkeiten in die Hand. So wurde wegen der nunmehr erreichbaren großen Feldstärken im Laserstrahl die sogenannte nichtlineare Optik dem Experiment zugänglich; es konnten, um nur zwei eindrucksvolle Beispiele zu nennen, mit Hilfe von Laserlicht Zwei-Quanten-Absorptionen nachgewiesen sowie optische Harmonische erzeugt werden.

Doch die Laser sind nicht nur ein außerordentlich wertvolles experimentelles Hilfsmittel, sie stellen auch den Theoretiker, der sich um ein Verständnis ihrer Arbeitsweise bemüht, vor interessante Fragen. Den wichtigsten von ihnen soll in diesem Buch nachgegangen werden.

Das Grundprinzip der Laserwirkung ist das der induzierten Emission (der Name „Laser" setzt sich aus den Anfangsbuchstaben des Ausdruckes „Light Amplification by Stimulated Emission of Radiation" zusammen). Dieses frühzeitig von Einstein [19] auf theoretischem Wege gefundene Prinzip wurde zuerst im Mikrowellengebiet praktisch angewendet. Als erste berichteten Gordon, Zeiger und Townes [28] über die (nach einem Vorschlag von Townes durchgeführte) erfolgreiche Entwicklung einer entsprechenden Apparatur zur Verstärkung und Erzeugung von Mikrowellen, bei der die Energie von einem Strahl angeregter Ammoniakmoleküle geliefert wurde. Die Autoren tauften das Gerät auf den Namen „Maser" (Abkürzung für „Microwave Amplification by Stimulated Emission of Radiation"), der seitdem weite Verbreitung gefunden hat. Unabhängig von der genannten amerikanischen Forschergruppe führten Basow und Prochorow [5] ganz ähnliche theoretische Untersuchungen über Prinzip und Aufbau von Mikrowellenverstärkern und -generatoren durch. Auf die Strahlmaser folgten dann später Festkörpermaser, und schließlich gelang Maiman [46] mit dem Bau des ersten Rubinlasers der experimentelle Schritt von den Mikrowellen zum sichtbaren Licht.

Wir wollen nun kurz das Maser- bzw. Laserprinzip schildern. Wie der Name bereits sagt, ist die induzierte Ausstrahlung aus einem Atom oder Molekül[1]) — im Gegensatz zur spontanen Emission — ein von außen, nämlich durch ein bereits vorhandenes Strahlungsfeld (passender Frequenz) erzwungener Prozeß, und diese „stimulierte" Emission findet um so schneller, d. h. mit um so größerer Übergangswahrscheinlichkeit statt, je größer die Intensität des induzierenden Feldes ist. In Konkurrenz zu diesem Vorgang, bei dem die Intensität des ursprünglichen Feldes erhöht wird, stehen Absorptionsvorgänge, und wenn in summa eine Verstärkung einer eingestrahlten elektromagnetischen Welle in einem System von Atomen stattfinden soll, müssen die Emissionsprozesse gegenüber den Absorptionsprozessen überwiegen; das bedeutet wegen der Gleichheit der Übergangswahrscheinlichkeiten für induzierte Emission und Absorption, daß die Zahl der angeregten Atome größer als die der nichtangeregten sein, oder, wie man stattdessen auch sagt, daß eine Besetzungsinversion vorliegen

---

[1]) Wir sprechen im folgenden der Einfachheit halber stets von Atomen, auch wenn es sich in manchen Fällen um Moleküle handelt.

muß. Letztere muß durch eine äußere Einwirkung, bei der Energie in das Atomsystem hinein„gepumpt“ wird, erzeugt und aufrechterhalten werden, beispielsweise durch Einstrahlung von elektromagnetischer Energie. (Beim Strahlmaser erfolgt die Energienachlieferung durch den Eintritt immer neuer angeregter Moleküle in den Resonator.) Wenn eine ausreichende Besetzungsinversion hergestellt wird, kann der Maser bzw. Laser als Verstärker arbeiten: Die Amplitude eines durchlaufenden Signals wird infolge induzierter Emission vergrößert, und das Wichtigste dabei ist, daß diese Verstärkung sehr rauscharm geschieht. Hierin liegt die große praktische Bedeutung der Maser nicht zuletzt für den Empfang von Nachrichten, die von Erdsatelliten oder Raumschiffen ausgesendet werden.

Der Laser dagegen ist vor allem wichtig als selbständig strahlende Lichtquelle. Da die Übergangswahrscheinlichkeit für induzierte Emission proportional zur Intensität des vorhandenen Feldes ist, werden in der Zeiteinheit um so mehr Photonen erzeugt, je länger sich jedes Photon (im Mittel) in der aktiven Substanz (i. e. im System der „gepumpten“ Atome) aufhält und damit zur Intensität des Feldes beiträgt. Es ist daher vorteilhaft, die erzeugten Lichtquanten möglichst lange in der aktiven Substanz „festzuhalten“. Letzteres erreicht man durch Anbringen von zwei (beispielsweise) planparallelen Spiegeln hoher Güte beiderseits des aktiven Materials, an denen die Lichtquanten häufig reflektiert werden, ehe sie durch einen der Spiegel hindurchtreten können. Es kommt dadurch zugleich zu einer Richtungsselektion der Strahlung: Lichtquanten, die senkrecht auf die Spiegeloberflächen treffen, haben die größte Chance, im Resonator (um den es sich ja handelt) zu bleiben und bei der Induzierung der Ausstrahlung neuer Quanten mitzuwirken, während schräg auf die Spiegeloberfläche einfallende Quanten nach einigen Reflexionen bald an den Spiegelrändern vorbei in den umgebenden Raum austreten und damit an dem Induzierungsprozeß nicht mehr teilnehmen können. Da in einer bestimmten Richtung fliegende (gleichartige) Quanten durch induzierte Emission wieder Quanten mit derselben Ausbreitungsrichtung (und Frequenz) erzeugen, ist klar, daß die Zahl der senkrecht zu den Spiegeloberflächen sich ausbreitenden Lichtquanten im Laufe der Zeit immer mehr anwächst, und entsprechend strahlt dann der Laser (durch die Spiegel hindurch) hauptsächlich in den Richtungen senkrecht zu den Spiegeloberflächen. Im Innern des Resonators überlagern sich die in entgegengesetzter Richtung laufenden Wellen zu stehenden Wellen. Aus der bekannten Tatsache, daß sich in einem Resonator nur Schwingungsformen mit diskreten — durch die Geometrie des Resonators festgelegten — Werten der Frequenz ausbilden können, wird dann auch die Frequenzschärfe der Laserstrahlung verständlich. Für die Amplitudenstabilität der Strahlung schließlich ist die — bei großen Lichtintensitäten immer mehr in Erscheinung tretende — Nichtlinearität des Verstärkungsvorganges (die Abnahme der Inversion mit wachsender Photonenzahl) — in Analogie zu den Verhältnissen bei einem Rundfunksender — verantwortlich.

Zusammenfassend können wir also kurz sagen: Der Laser ist eine Lichtquelle, die nach dem Prinzip der induzierten Emission ausstrahlt. Damit dieses Prinzip wirksam werden kann, muß eine Besetzungsinversion der Atome erzeugt werden und ein Resonator eine Rückkopplung bewirken. Die genannten Punkte sollen nun im einzelnen eingehender untersucht werden. Wir beginnen mit dem Prozeß der induzierten Emission.

1.2. Emission und Absorption

Wie Einstein [19] schon frühzeitig erkannte, lassen sich aus statistisch-thermodynamischen Betrachtungen bemerkenswerte Schlüsse auf die Elementarprozesse der Wechselwirkung zwischen Strahlung und Materie, nämlich Emission und Absorption, ziehen. Der Grundgedanke der EINSTEINschen Überlegung ist der folgende: Bei einem Strahlungsfeld, das sich im thermodynamischen Gleichgewicht mit einem System von Atomen befindet („schwarze“ Strahlung), müssen die Absorptions- und Emissionsvorgänge — eben weil es sich um einen Gleichgewichtszustand handelt — im Mittel einander die Waage halten. Wir denken uns nun ein Atom herausgegriffen. Nach der Quantentheorie sind die Energiewerte, die es annehmen kann, diskret, und wir betrachten speziell Strahlungsübergänge zwischen einem höheren Niveau 2 und einem tieferen Niveau 1 mit der Energie E_2 bzw. E_1. Wegen der Gültigkeit des Energieerhaltungssatzes auch im Einzelprozeß können von dem Atom nur solche Photonen absorbiert oder emittiert werden, deren Energie $h\nu$ (h PLANCKsches Wirkungsquantum, ν Frequenz der Strahlung) näherungsweise mit der Differenz der Atomniveaus übereinstimmt; das bedeutet, praktisch findet bei einem Übergang zwischen den Niveaus 1 und 2 eine Wechselwirkung nur mit solchem Licht statt, dessen Frequenz in der Nähe des Resonanzwertes

$$\nu_r = \frac{1}{h} (E_2 - E_1) \tag{2.1}$$

liegt.

Nach EINSTEIN unterscheiden wir nun drei Arten von Wechselwirkungsprozessen, die einen Übergang zwischen zwei verschiedenen Atomniveaus bewirken:

a) Spontane Emission. Hierbei geht das Atom aus dem höheren in das tiefere Niveau über und strahlt ein Photon mit der mittleren Frequenz ν_r und einer endlichen Linienbreite aus. Dieser Prozeß verläuft unbeeinflußt vom äußeren Strahlungsfeld; mathematisch formuliert, die zugehörige Übergangswahrscheinlichkeit pro Zeiteinheit

$$W_{\text{spont}} = A_{21} \tag{2.2}$$

ist eine vom Strahlungsfeld unabhängige Konstante, deren Wert durch die Struktur des Atoms festgelegt ist.

b) Induzierte Emission. Der Atomübergang ist derselbe wie bei der spontanen Emission, die damit verbundene Ausstrahlung eines Lichtquants wird jedoch durch das vorhandene Strahlungsfeld verursacht (induziert). Es erscheint naheliegend, die Übergangswahrscheinlichkeit pro Zeiteinheit für diesen Prozeß als proportional zur spektralen Energiedichte $u(\nu_r)$ des Strahlungsfeldes ($u(\nu)$ ist die auf die Volumeneinheit und die Einheit des Frequenzintervalls bezogene Energie des Strahlungsfeldes) anzusetzen

$$W_{\text{ind}} = u(\nu_r) B_{21}. \tag{2.3}$$

c) Absorption. Hier geht das Atom aus dem tieferen in das höhere Niveau über und nimmt dabei Energie aus dem Strahlungsfeld auf („verschluckt“ ein Lichtquant). Dieser Prozeß kann nur bei Anwesenheit eines Strahlungsfeldes (geeigneter Frequenz), also induziert ablaufen, d. h., das Analogon der spontanen Emission fehlt. In Analogie zu der induzierten Emission wird man für die Absorptionswahrscheinlichkeit schreiben

$$W_{\text{abs}} = u(\nu_r) B_{12}. \tag{2.4}$$

Nun sind im thermodynamischen Gleichgewicht befindliche Atome bekanntlich gemäß einer BOLTZMANN-Verteilung angeregt; d. h., die Wahrscheinlichkeit, ein Atom im Zustand i mit der Energie E_i vorzufinden, ist proportional zu $\exp\{-E_i/k_B T\}$ (k_B BOLTZMANN-Konstante und T Temperatur). Damit können wir die oben erwähnte Gleichgewichtsbedingung, nämlich die Forderung gleicher Häufigkeit von Emissions- und Absorptionsprozessen, unter Verwendung der Formeln (2.2), (2.3) und (2.4) folgendermaßen formulieren

$$e^{-\frac{E_2}{k_B T}} \left(A_{21} + u(\nu_r) B_{21}\right) = e^{-\frac{E_1}{k_B T}} u(\nu_r) B_{12}. \tag{2.5}$$

Rechnen wir aus dieser Gleichung die spektrale Energiedichte aus, so ergibt sich unter Beachtung von (2.1)

$$u(\nu_r) = \frac{\frac{A_{21}}{B_{21}}}{\frac{B_{12}}{B_{21}} e^{\frac{h\nu_r}{k_B T}} - 1}. \tag{2.6}$$

Der Vergleich von Gl. (2.6) mit der bekannten PLANCKschen Formel für die spektrale Energiedichte der schwarzen Strahlung

$$u(\nu) = \frac{8\pi h \nu^3}{c^3} \frac{1}{e^{\frac{h\nu}{k_B T}} - 1} \tag{2.7}$$

(c Lichtgeschwindigkeit) liefert dann (da Gln. (2.6) und (2.7) identisch in T übereinstimmen müssen) die EINSTEINschen Relationen

$$B_{21} = B_{12}, \tag{2.8}$$

$$A_{21} = \frac{8\pi h \nu_r^3}{c^3} B_{21}. \tag{2.9}$$

Gl. (2.8) bringt offenbar die Gleichheit der Übergangswahrscheinlichkeiten für induzierte Emission und Absorption zum Ausdruck, und Gl. (2.9) setzt die Wahrscheinlichkeit für die induzierte Emission in Beziehung zur spontanen Emissionswahrscheinlichkeit.

Die Frequenzabhängigkeit in Gl. (2.9) erlaubt bereits einen wichtigen Schluß im Hinblick auf die Arbeitsweise der Quantengeneratoren (Maser und Laser): Nach Gl. (2.9) nimmt das Verhältnis der Wahrscheinlichkeiten für induzierte und spontane Emission — bei gleicher spektraler Energiedichte — mit wachsender Frequenz immer mehr ab; das bedeutet experimentell, daß im Laser höhere Energiedichten vorhanden sein müssen als im Maser, wenn die induzierten Emissionsprozesse (die ja die entscheidende Rolle in den Quantengeneratoren spielen) gegenüber den spontanen in der Überzahl sein sollen. Die praktische Konsequenz von Gl. (2.9) ist dann die, daß im Mikrowellenbereich die spontane Emission vollständig vernachlässigbar ist (ihr Einfluß ist klein gegenüber dem des Wandrauschens, d. h. der von den Resonatorwänden emittierten thermischen Strahlung), während im Laser die spontane Emission die wesentliche Rauschquelle darstellt.

Gl. (2.8) lehrt, daß eine Besetzungsinversion (Zahl der angeregten Atome größer als Zahl der nichtangeregten) vorliegen muß, wenn die induzierte Emission gegenüber der Absorption überwiegen soll, wenn also Energie aus dem System der Atome an das Strahlungsfeld geliefert werden soll.

Einstein [19] hat über die oben angeführten Resultate hinaus durch eine sehr scharfsinnige Diskussion auch der Impulsbilanz für ein im thermodynamischen Gleichgewicht mit dem Strahlungsfeld stehendes Atom noch eine sehr interessante Aussage über die Richtung der durch induzierte Emission erzeugten Lichtquanten erhalten, nämlich die, daß bei Einstrahlung von Licht definierter Ausbreitungsrichtung das neu hinzukommende Quant in der *gleichen* Richtung ausgestrahlt wird. Dieser Effekt ist für die Vorgänge im Laser außerordentlich bedeutungsvoll; er ist die Ursache für das Aufschaukeln von (Resonator-)Eigenschwingungen mit bevorzugten Ausbreitungsrichtungen, nämlich solchen Eigenschwingungen, bei denen ein möglichst großer Prozentsatz des auf die Resonatorspiegel fallenden Lichtes in das aktive Material zurückgestrahlt wird, so daß die Intensität der zur Induzierung verfügbaren Strahlung größer ist als im Fall von Eigenschwingungen mit ungünstigen Ausbreitungsrichtungen. Beim Anlaufvorgang im Laser wächst somit die Intensität der bevorzugten Eigenschwingungen auf Kosten der übrigen Eigenschwingungen stark an mit dem Ergebnis, daß im stationären Betrieb nur einige wenige Eigenschwingungen (im günstigsten Fall eine einzige Eigenschwingung) angeregt sind.

Nun sind die von EINSTEIN durchgeführten Rechnungen zur Frage der Ausbreitungsrichtung der induzierten Strahlung etwas kompliziert; wir wollen daher das EINSTEINsche Resultat lieber auf direktem Wege, nämlich aus der (quantisierten) Strahlungstheorie allein ohne Zuhilfenahme von thermodynamischen Kenntnissen herleiten. Die Aussage, daß bei der induzierten Emission, allgemeiner gesprochen, stets Photonen mit den gleichen Eigenschaften wie die induzierenden Photonen erzeugt werden, erhält man dann außerordentlich einfach, wenn erst einmal der quantenmechanische Formalismus zur Beschreibung des Strahlungsfeldes zur Verfügung steht. Die EINSTEINschen Ergebnisse (2.8) und (2.9) zusammen mit den Ansätzen (2.2), (2.3) und (2.4) folgen natürlich auch direkt aus der Strahlungstheorie, was wir ebenfalls zeigen wollen.

Wir gehen auf die Quantisierung des Strahlungsfeldes selbst nicht näher ein, sondern verweisen den Leser auf die Literatur (s. z. B. [35] und [50]) und geben nur die Ergebnisse des Quantisierungsprozesses an.

Wie bekannt, kann in der klassischen Elektrodynamik ein quellenfreies elektromagnetisches Feld bereits durch das Vektorpotential $\boldsymbol{A}(\boldsymbol{r}, t)$ mit

$$\operatorname{div} \boldsymbol{A}(\boldsymbol{r}, t) = 0 \tag{2.10}$$

vollständig beschrieben werden. Aus $\boldsymbol{A}(\boldsymbol{r}, t)$ ergeben sich die elektrische und die magnetische Feldstärke $\boldsymbol{E}$ bzw. $\boldsymbol{H}$ durch Differentiation in der Form[1])

$$\boldsymbol{E}(\boldsymbol{r}, t) = -\frac{1}{c}\frac{\partial}{\partial t}\boldsymbol{A}(\boldsymbol{r}, t), \tag{2.11}$$

$$\boldsymbol{H}(\boldsymbol{r}, t) = \operatorname{rot} \boldsymbol{A}(\boldsymbol{r}, t). \tag{2.12}$$

[1]) Wir verwenden in diesem Buch durchweg das GAUSSsche Maßsystem.

Das Vektorpotential $\boldsymbol{A}(\boldsymbol{r},t)$ genügt der Wellengleichung

$$\Delta \boldsymbol{A}(\boldsymbol{r}, t) - \frac{1}{c^2} \frac{\partial^2}{\partial t^2} \boldsymbol{A}(\boldsymbol{r}, t) = 0; \tag{2.13}$$

diese Gleichung besitzt spezielle Lösungen der Gestalt

$$\boldsymbol{A}_\lambda(\boldsymbol{r}, t) = \boldsymbol{A}_\lambda(\boldsymbol{r})\, e^{-i\omega_\lambda t}, \tag{2.14}$$

die den sog. Eigenschwingungen (Schwingungen definierter Frequenz) des Strahlungsfeldes entsprechen. Das Spektrum der möglichen Kreisfrequenzen ω_λ ist dabei durch eine konkrete (räumliche) Randbedingung festgelegt. Da man es in der Optik in vielen Fällen mit frei im Raum sich ausbreitenden Wellen zu tun hat, die genähert als ebene Wellen angesehen werden können, ist es zweckmäßig, an Stelle einer Randbedingung eine Periodizitätsbedingung der Form: „$\boldsymbol{A}(\boldsymbol{r}, t)$ sei in jeder der drei räumlichen Koordinatenrichtungen periodisch mit der Länge L" zu benutzen. (Diese Bedingung spielt, mathematisch gesprochen, die Rolle eines Tricks, mit dessen Hilfe man ein bequemer zu handhabendes diskretes Spektrum von Frequenzen — an Stelle des bei fehlender Randbedingung auftretenden kontinuierlichen Spektrums — erhält. Im Endergebnis der Rechnungen hat man dann den Limes $L \to \infty$ zu vollziehen, um sich von der Willkür in der Wahl von L wieder zu befreien.) Die folgenden Aussagen sind jedoch unabhängig von der speziellen Form der Randbedingung.

Die zu den Eigenschwingungen gehörigen Vektorpotentiale sind orthogonal zueinander, d. h., es gilt, wenn wir sie noch zweckmäßig normieren,

$$\int_V \boldsymbol{A}_\lambda^* \boldsymbol{A}_{\lambda'}\, d^3\boldsymbol{r} = 4\pi c^2 \delta_{\lambda\lambda'}. \tag{2.15}$$

(Die Integration erstreckt sich dabei über den Periodizitätskubus V mit der Kantenlänge L.)

Bei Zugrundelegung der obengenannten Periodizitätsbedingung können die Eigenschwingungen speziell als linear polarisierte, laufende ebene Wellen gewählt werden; die entsprechenden Vektorpotentiale lauten dann

$$\boldsymbol{A}_\lambda(\boldsymbol{r}, t) = \boldsymbol{e}_\lambda \sqrt{\frac{4\pi c^2}{L^3}}\, e^{i(\boldsymbol{k}_\lambda \boldsymbol{r} - \omega_\lambda t)} \quad (\omega_\lambda^2 = c^2 \boldsymbol{k}_\lambda^2) \qquad (2.16)$$

($\boldsymbol{e}_\lambda$ Einheitsvektor, der die Polarisationsrichtung anzeigt), wobei wegen der Periodizitätsforderung die möglichen Wellenzahlvektoren $\boldsymbol{k}_\lambda$ eine diskrete Mannigfaltigkeit bilden: Ihre Endpunkte stimmen mit den Gitterpunkten eines kubischen Gitters mit der Kantenlänge $2\pi/L$ überein.

Da die $\boldsymbol{A}_\lambda(\boldsymbol{r}, t)$ ein vollständiges System von Lösungen der Wellengleichung repräsentieren, kann man einen beliebigen (klassischen) Zustand des Strahlungsfeldes (der die Randbedingung befriedigt) als Superposition von Eigenschwingungen in der Form

$$\boldsymbol{A}(\boldsymbol{r}, t) = \sum_\lambda \sqrt{\frac{\hbar}{2\omega_\lambda}} \left(\boldsymbol{A}_\lambda(\boldsymbol{r}, t)\, q_\lambda + \boldsymbol{A}_\lambda^*(\boldsymbol{r}, t)\, q_\lambda^*\right) \qquad (2.17)$$

darstellen, wobei die q_λ zeitunabhängige komplexe Zahlen sind. Der Übergang zur quantenmechanischen Beschreibung des Strahlungsfeldes läuft dann im Endeffekt einfach darauf hinaus, daß die gewöhnlichen Zahlen (c-Zahlen) q_λ, q_λ^* durch Operatoren $\hat{q}_\lambda$ und die dazu Hermitisch adjungierten Operatoren $\hat{q}_\lambda^+$ ersetzt werden, die den Vertauschungsrelationen

$$[\hat{q}_\lambda, \hat{q}_{\lambda'}] = [\hat{q}_\lambda^+, \hat{q}_{\lambda'}^+] = 0, \quad [\hat{q}_\lambda, \hat{q}_{\lambda'}^+] = \delta_{\lambda\lambda'} \mathbf{1} \qquad (2.18)$$

genügen.

Der HAMILTON-Operator H^S, der sich auf die im Periodizitätsvolumen V befindliche Energie des Strahlungsfeldes bezieht, drückt sich durch die genannten Operatoren, für die wir im folgenden einfach q_λ, q_λ^+ schreiben, in folgender Weise aus

$$H^S = \sum_\lambda \hbar\,\omega_\lambda\, q_\lambda^+ q_\lambda\,. \tag{2.19}$$

Aus den Vertauschungsregeln (2.18) folgt rein mathematisch (siehe z. B. [45]), daß die Operatoren $N_\lambda \equiv q_\lambda^+ q_\lambda$ alle nichtnegativen ganzen Zahlen (und nur diese Zahlen) als Eigenwerte besitzen; Gl. (2.19) führt damit zwanglos zum Photonen-Bild für die Strahlung: Jeder einzelnen Eigenschwingung λ entspricht eine besondere Sorte von Photonen, deren Zahl quantenmechanisch durch den Operator N_λ repräsentiert wird. Einem Photon der Sorte λ ist die Energie $\hbar\omega_\lambda$ zuzuordnen, und Gl. (2.19) besagt dann nichts anderes, als daß die Gesamtenergie des Strahlungsfeldes sich additiv aus den Beiträgen der Photonen der verschiedenen Sorten λ zusammensetzt. Die Eigenvektoren φ von H^S sind eindeutig durch einen vollständigen Satz von Photonenzahlen $n_{\lambda_1}, n_{\lambda_2}, \ldots, n_\lambda, \ldots$ jeweils (der also angibt, wieviele Photonen der einzelnen Sorten vorhanden sind) zu charakterisieren; unter Verwendung der DIRACschen Symbolik sind die Eigenvektoren von H^S daher zu schreiben als

$$\varphi = |n_{\lambda_1}, n_{\lambda_2}, \ldots, n_\lambda, \ldots >. \tag{2.20}$$

Die Operatoren q_λ, q_λ^+ sind unter dem Namen Photonenvernichtungs- bzw. -erzeugungsoperatoren bekannt, denn sie verwandeln formal einen Zustand des Strahlungsfeldes mit n_λ Photonen der Sorte λ in einen Zustand mit $n_\lambda - 1$ bzw. $n_\lambda + 1$ Photonen der Sorte λ. Dabei ist es gleichgültig, wieviele Photonen anderer Sorten zusätzlich vorhanden sind. Explizit gilt

$$q_\lambda\,|n_{\lambda_1}, n_{\lambda_2}, \ldots, n_\lambda, \ldots > = \sqrt{n_\lambda}\,|n_{\lambda_1}, n_{\lambda_2}, \ldots, n_\lambda - 1, \ldots >, \tag{2.21}$$

$$q_\lambda^+\,|n_{\lambda_1}, n_{\lambda_2}, \ldots, n_\lambda, \ldots > = \sqrt{n_\lambda + 1}\,|n_{\lambda_1}, n_{\lambda_2}, \ldots, n_\lambda + 1, \ldots >. \tag{2.22}$$

Damit lauten in der H^S-Darstellung die allein von Null verschiedenen Matrixelemente der Photonenvernichtungs- und -erzeugungsoperatoren

$$< n_{\lambda_1}, n_{\lambda_2}, \ldots, n_\lambda - 1, \ldots | q_\lambda | n_{\lambda_1}, n_{\lambda_2}, \ldots, n_\lambda, \ldots > = \sqrt{n_\lambda}, \tag{2.23}$$

$$< n_{\lambda_1}, n_{\lambda_2}, \ldots, n_\lambda + 1, \ldots | q_\lambda^+ | n_{\lambda_1}, n_{\lambda_2}, \ldots, n_\lambda, \ldots > = \sqrt{n_\lambda + 1}. \tag{2.24}$$

Durch den Akt der Quantisierung wird also das Vektorpotential (2.17) ein Operator; das gleiche trifft für die elektrische und die magnetische Feldstärke zu. Für die erstere, die im folgenden allein für uns von Interesse ist, ergibt sich nach (2.11) und (2.17) die explizite Darstellung

$$\boldsymbol{E}(\boldsymbol{r}, t) = \sum_\lambda \left(\boldsymbol{a}_\lambda(\boldsymbol{r}, t)\, q_\lambda + \boldsymbol{a}_\lambda^*(\boldsymbol{r}, t)\, q_\lambda^+\right), \tag{2.25}$$

wobei gilt

$$\boldsymbol{a}_\lambda(\boldsymbol{r}, t) = \frac{i}{c}\sqrt{\frac{\hbar\,\omega_\lambda}{2}}\,\boldsymbol{A}_\lambda(\boldsymbol{r})\, e^{-i\omega_\lambda t} \tag{2.26}$$

$\left(= \boldsymbol{e}_\lambda a_\lambda(\boldsymbol{r})\, e^{-i\omega_\lambda t} \quad \text{mit} \quad a_\lambda(\boldsymbol{r}) = i\sqrt{\frac{2\pi\hbar\,\omega_\lambda}{L^3}}\, e^{i\boldsymbol{k}_\lambda \boldsymbol{r}}\right.$

für laufende ebene Wellen).

Wie beschreiben wir nun im quantenmechanischen Formalismus einen Lichtstrahl, der experimentell durch bestimmte physikalische Daten, nämlich eine (mittlere) Ausbreitungsrichtung $\boldsymbol{n}$, einen räumlichen Öffnungswinkel $\delta\Omega$, eine bestimmte (lineare) Polarisation p, ein Frequenzintervall $\nu \ldots \nu + \delta\nu$ und schließlich eine Energiedichte (elektromagnetische Energie pro Volumeneinheit) U_L zu charakterisieren ist?

Offenbar muß der dem geschilderten Lichtstrahl entsprechende quantenmechanische Zustand des Strahlungsfeldes zunächst so beschaffen sein, daß nur solche Eigenschwingungen angeregt (d. h. mit einer von Null verschiedenen Photonenzahl vertreten) sind, die mit den für den Strahl charakteristischen Größen $\boldsymbol{n}$, p, ν, $\delta\Omega$ und $\delta\nu$ verträglich sind, deren Ausbreitungsrichtung also in das um die Richtung $\boldsymbol{n}$ erstreckte Raumwinkelelement $\delta\Omega$ fällt, deren Frequenz im Intervall $\nu \ldots \nu + \delta\nu$ liegt und deren Polarisationsrichtung mit der vorgegebenen übereinstimmt. Zur Kennzeichnung dieser zum Lichtstrahl gehörigen Eigenschwingungen benutzen wir im folgenden den Index μ an Stelle des auf alle möglichen Eigenschwingungen bezüglichen Indexes λ, und die Zahl der Eigenschwingungen μ bezeichnen wir mit Z.

Wir können also sagen, daß in dem betrachteten Lichtstrahl nur Zustände der Art

$$|0, \ldots, 0, n_{\mu_1}, n_{\mu_2}, \ldots, n_{\mu_Z}, 0, \ldots > \qquad (2.27)$$

angeregt sind. Im Normalfall wird man den Lichtstrahl nicht durch einen reinen Zustand (eine Superposition von Zuständen (2.27)) beschreiben können, sondern nur durch ein statistisches Gemisch von Zuständen. In den meisten Fällen kann man die entsprechende Dichtematrix als diagonal in der H^S-Darstellung annehmen. (Das gilt für thermisches Licht (siehe z. B. [24]), aber auch für die Laserstrahlung, wenn man die Phase der elektrischen Feldstärke als unbekannt — genauer, nicht gemessen — ansieht (s. [52]).) Dem Lichtstrahl korrespondiert dann ein quantenmechanisches Ensemble von Strahlungsfeldern, das man sich in Teilensembles zerlegt denken kann, die sich jeweils in reinen Zuständen der Form (2.27) befinden. Das gesamte Ensemble wird durch eine Verteilungsfunktion $W(n_{\mu_1}, \ldots, n_{\mu_Z})$ gekennzeichnet, welche die Wahrscheinlichkeit angibt, ein Mitglied des Gesamt-Ensembles im Zustand $|0, \ldots, 0, n_{\mu_1}, \ldots, n_{\mu_Z}, 0, \ldots >$ vorzufinden. Mit Hilfe der genannten Verteilungsfunktion kann man im besonderen eine mittlere Photonenzahl (die Mittelung erstreckt sich über das Gesamt-Ensemble)

$\overline{n}_\mu$ für jede Eigenschwingung μ berechnen, von der wir der Einfachheit halber voraussetzen, daß sie mit der Frequenz und der Ausbreitungsrichtung nur schwach veränderlich ist. (Für die Frequenz bedeutet dies offenbar die Annahme einer näherungsweise rechteckigen Linienform.)

Aus Gl. (2.19) erhält man (wenn man beachtet, daß der Hamilton-Operator H^S die im Periodizitätsvolumen V vorhandene elektromagnetische Energie repräsentiert) zunächst den folgenden Zusammenhang zwischen der Energiedichte des Lichtstrahls und den mittleren Photonenzahlen

$$U_L = L^{-3} \sum_\mu \hbar\, \omega_\mu \overline{n}_\mu . \tag{2.28}$$

Nun kann die Summation über die Eigenschwingungen μ leicht durch eine Integration über die Kreisfrequenz ersetzt werden: Die Endpunkte der (auf Grund der Periodizitätsbedingung) erlaubten Vektoren $\boldsymbol{k}_\mu$ liegen in dem Volumen, das von dem Kegel $\delta\Omega$ (mit der Achse $\boldsymbol{n}$) aus der Kugelschale mit den Radien ω/c und $(\omega + \delta\omega)/c$ ($\delta\omega = 2\pi\, \delta\nu$) ausgeschnitten wird. Da nach dem Obigen jeder „Gitterzelle“ vom Volumen $(2\pi/L)^3$ genau ein erlaubter $\boldsymbol{k}$-Vektor zugeordnet ist, haben wir das Volumenelement im $\boldsymbol{k}$-Raum

$$\mathrm{d}\tau = \frac{\omega^2}{c^3}\, \mathrm{d}\omega\, \mathrm{d}\Omega \tag{2.29}$$

durch $(2\pi/L)^3$ zu dividieren, um die Zahl der zugehörigen Vektoren zu erhalten; damit wird

$$\sum_\mu \cdots = \int_{\delta\Omega} d\Omega \int_\omega^{\omega+\delta\omega} d\omega\, \varrho(\omega) \cdots \tag{2.30}$$

mit

$$\varrho(\omega) = \left(\frac{L}{2\pi}\right)^3 \frac{\omega^2}{c^3} \tag{2.31}$$

als Zustandsdichte.

Wenn wir uns auf quasimonochromatisches Licht ($\delta\omega \ll \omega$) beschränken, können wir Gl. (2.28) in guter Näherung ersetzen durch

$$U_L = \frac{\hbar}{(2\pi)^3} \frac{\omega_0^3}{c^3} \bar{n} \, \delta\omega \, \delta\Omega = 2\pi\hbar \frac{\nu_0^3}{c^3} \bar{n} \, \delta\nu \, \delta\Omega, \qquad (2.32)$$

wobei $\omega_0 = 2\pi\nu_0$ die mittlere Kreisfrequenz des Lichtstrahls und $\bar{n}$ den Wert der mittleren Photonenzahl (pro Eigenschwingung) für diese Kreisfrequenz und die Ausbreitungsrichtung $\boldsymbol{n}$ bezeichnet. Nach (2.32) steht also die Größe $\bar{n}$ in folgender Beziehung zu der auf die Einheit des Frequenzintervalls und des Raumwinkelelements bezogenen Energiedichte $u_L(\nu_0, \boldsymbol{n}, p)$ $\left(= U_L(\delta\nu \, \delta\Omega)^{-1}\right)$ des Lichtstrahls

$$\bar{n} = \frac{c^3}{2\pi\hbar\nu_0^3} u_L(\nu_0, \boldsymbol{n}, p). \qquad (2.33)$$

Der Wert der mittleren Photonenzahl $\bar{n}$ pro Eigenschwingung wird somit durch die dem Experiment unmittelbar zugängliche Größe u_L eindeutig festgelegt und ist damit im besonderen unabhängig von der Wahl des Periodizitätsvolumens. Dies erscheint auf den ersten Blick überraschend, da sich die Photonenzahl per def. auf die im Periodizitätsvolumen der Größe L^3 befindlichen Lichtquanten bezieht; man muß aber beachten, daß mit zunehmendem L auch die Dichte der Eigenschwingungen im $\boldsymbol{k}$-Raum größer wird (Gl. (2.31)). Läßt man L anwachsen, so nimmt zwar bei festgehaltenem $\bar{n}$ die mittlere Zahl von Photonen pro Eigenschwingung und *Volumeneinheit* mit L^{-3} ab, dafür nimmt aber die Zahl der Photonensorten gemäß (2.31) mit L^3 zu, so daß die Gesamtzahl der Photonen (die Summe über die Photonenzahlen aller mit den physikalischen Daten des Lichtstrahls verträglichen Eigenschwingungen) pro Volumeneinheit, die ein Maß für die Energiedichte U_L des Lichtstrahls darstellt, unabhängig von L wird, wie es sein muß.

Unsere bisherigen Überlegungen bezogen sich auf das freie Strahlungsfeld. Da wir uns für die Wechselwirkung zwischen dem Strahlungsfeld und einem atomaren System (im folgenden kurz Atom genannt) interessieren, benötigen wir noch einen expliziten Ausdruck für den entsprechenden Wechselwirkungsoperator.

Im Rahmen der sog. Dipolnäherung, bei der die räumliche Änderung des klassischen Vektorpotentials $\boldsymbol{A}(\boldsymbol{r}, t)$ innerhalb des Atoms vernachlässigt wird (die also zulässig ist, wenn die Wellenlänge des Lichtes groß gegenüber den Atomdimensionen ist, was für optische Frequenzen noch durchaus zutrifft), kann man den fraglichen Wechselwirkungsoperator in der einfachen Form

$$H^W = -e\boldsymbol{r}\boldsymbol{E}(\boldsymbol{r} = \boldsymbol{r}_A) \tag{2.34}$$

(e elektrische Elementarladung, $\boldsymbol{r}$ Operator für den — vom Schwerpunkt $\boldsymbol{r}_A$ des Atoms aus gezählten — Ortsvektor des an der Wechselwirkung beteiligten Elektrons) wählen.[1]) Der Ausdruck (2.34) erlaubt offenbar eine sehr einfache physikalische Interpretation: Er repräsentiert die potentielle Energie eines elektrischen Dipols im elektrischen Feld.

Wir berechnen für das Folgende die Matrixelemente von H^W bezüglich der Eigenfunktionen des ungestörten Gesamt-Hamilton-Operators $H^0 = H^A + H^S$ (H^A ungestörter Hamilton-Operator für das Atom). Bezeichnen wir die zu den verschiedenen Energieniveaus $E_j = \hbar\omega_j$ gehörigen (zeitunabhängigen) Atomzustände mit $|b_j>$ jeweils ($j = 1, 2, \ldots$), so handelt es sich also um die

---

[1]) Der Operator (2.34) ist in Dipolnäherung dem (in nichtrelativistischer Näherung) genauen Operator $H^W = -\frac{e}{mc}\boldsymbol{p}\boldsymbol{A} + \frac{e^2}{2mc^2}\boldsymbol{A}^2$ (m Masse und $\boldsymbol{p}$ Impulsoperator des Elektrons) in beliebig hoher Ordnung der Störungstheorie äquivalent, falls man den interessierenden Prozeß stets in niedrigster Ordnung bezüglich der Kopplungskonstante beschreibt (s. [53]; vgl. auch [25] sowie [54]).

Matrixelemente der Form

$$M = - < b_k; n'_{\lambda_1}, n'_{\lambda_2}, \ldots, n'_\lambda, \ldots | \boldsymbol{D}\boldsymbol{E}(\boldsymbol{r} = \boldsymbol{r}_A) \\ | b_j;\ n_{\lambda_1}, n_{\lambda_2}, \ldots, n_\lambda, \ldots > \tag{2.35}$$

mit $\boldsymbol{D} = e\boldsymbol{r}$ als dem Operator des elektrischen Dipolmomentes des Elektrons. (H^W denken wir uns im folgenden — dem SCHRÖDINGER-Bild gemäß — zur Anfangszeit $t = 0$ genommen.)

Setzt man hier für $\boldsymbol{E}$ die Entwicklung (2.25) ein und beachtet die Eigenschaften (2.21), (2.22) der Photonenvernichtungs- und -erzeugungsoperatoren, so kommt man zu der Feststellung, daß M nur dann von Null verschieden ist, wenn sich die zugehörigen Photonenzustände um genau ein Photon irgendeiner Sorte unterscheiden, d. h. für den Fall

$$n'_\lambda = n_\lambda \pm 1, \quad n'_{\lambda_1} = n_{\lambda_1}, \quad n'_{\lambda_2} = n_{\lambda_2} \quad \text{usw.} \tag{2.36}$$

Explizit erhalten wir die folgenden Ausdrücke für die nichtverschwindenden Matrixelemente des Wechselwirkungsoperators H^W

$$< b_k; n_{\lambda_1}, n_{\lambda_2}, \ldots, n_\lambda - 1, \ldots | H^W | b_j; n_{\lambda_1}, n_{\lambda_2}, \ldots, n_\lambda, \ldots > \\ = - a_\lambda^0 (\boldsymbol{D}_{kj}\boldsymbol{e}_\lambda) \sqrt{n_\lambda},$$

$$< b_k; n_{\lambda_1}, n_{\lambda_2}, \ldots, n_\lambda + 1, \ldots | H^W | b_j; n_{\lambda_1}, n_{\lambda_2}, \ldots, n_\lambda, \ldots > \\ = - a_\lambda^{0*} (\boldsymbol{D}_{kj}\boldsymbol{e}_\lambda) \sqrt{n_\lambda + 1} \tag{2.37}$$

mit $a_\lambda^0 = a_\lambda(\boldsymbol{r} = \boldsymbol{r}_A)$ und $\boldsymbol{D}_{kj}$ als Abkürzung für das Matrixelement $< b_k | \boldsymbol{D} | b_j >$ des Dipoloperators $\boldsymbol{D} = e\boldsymbol{r}$ für das Elektron. Das letztere Matrixelement ist für $k = j$ gleich Null, falls den Zuständen $| b_j >$ eine definierte Parität jeweils zukommt (was nur bei Fehlen eines Inversionszentrums für die potentielle Energie des Elektrons nicht der Fall ist), denn $\boldsymbol{D}_{jj}$ ist dann in der Ortsdarstellung ein Integral mit einem bezüglich Spiegelung am Koordinatenursprung (der mit dem Schwerpunkt des Atoms zusammenfällt) antisymmetrischen Integranden. Mit dem gleichen Argument beweist man, daß allgemein das Matrixelement $\boldsymbol{D}_{kj}$ nur dann nicht verschwindet, wenn sich die Zustände $|b_j>$ und $|b_k>$ in der Parität unterscheiden.

Der Ausgangszustand des Gesamtsystems: Atom + Strahlungsfeld lautet nun im Fall der Ausstrahlung bei Einfall des oben geschilderten Lichtstrahls

$$\psi_0^{Em} = |b_2; 0, \ldots, 0, n_{\mu_1}, n_{\mu_2}, \ldots, n_{\mu_Z}, 0, \ldots > . \quad (2.38)$$

(Genau gesprochen bezieht sich (2.38) nicht auf das gesamte quantenmechanische Ensemble, durch welches das eingestrahlte Licht beschrieben wird, sondern nur auf ein Teilensemble [s. o.]. Wir rechnen zunächst mit letzterem und führen im Endergebnis die Mittelung über das Gesamt-Ensemble durch.)

In der ersten Ordnung der Störungstheorie sind bekanntlich Übergänge von ψ_0 zu solchen Endzuständen ψ_e möglich, für die das Matrixelement $< \psi_e | H^W | \psi_0 >$ von Null verschieden ist (wobei außerdem – zumindest näherungsweise – der Energiesatz erfüllt sein muß). Nach den Gln. (2.37) können daher (als Prozesse erster störungstheoretischer Ordnung) von ψ_0^{Em} aus Übergänge in solche Endzustände erfolgen, bei denen sich das Atom im tieferen Zustand $|b_1>$ befindet und die (Gesamt-) Zahl der Photonen gegenüber dem Ausgangswert um Eins zugenommen hat, was offenbar der Emission eines Photons entspricht. Die Sorte λ des ausgestrahlten Photons bleibt dabei noch offen; lediglich die Energie des Photons ist durch den Energiesatz praktisch festgelegt. Es kann λ mit einem der Werte $\mu_1, \ldots, \mu_Z$ zusammenfallen, dann führt die Ausstrahlung des Atoms zu einer Verstärkung der Intensität des einfallenden Lichtstrahls, im anderen Fall findet entweder eine Emission in eine andere Richtung als die Strahlrichtung statt (wobei alle Polarisationsmöglichkeiten in Frage kommen) oder – falls die genannten Richtungen übereinstimmen

— das ausgestrahlte Photon unterscheidet sich in der Polarisation vom einfallenden Licht.

Wir untersuchen zunächst die der Verstärkung des eingestrahlten Lichtes entsprechende Emission. Die möglichen Endzustände des Überganges sind dann darzustellen als

$$\psi_\mu^{Em} = |b_1; 0, \ldots, 0, n_{\mu_1}, \ldots, n_\mu + 1, \ldots, n_{\mu_Z}, 0, \ldots >, \tag{2.39}$$

wobei μ alle möglichen Werte $\mu_1, \ldots, \mu_Z$ annehmen kann.

Nach den bekannten Formeln der Störungsrechnung (s. z. B. [65]) ergibt sich unter Beachtung von (2.37) die Wahrscheinlichkeit, das quantenmechanische System zur Zeit t (bei einer entsprechenden Messung) im Endzustand ψ_μ^{Em} vorzufinden, wenn zur Zeit $t = 0$ die Wechselwirkung „eingeschaltet" wird, zu

$$W_\mu(t) = \frac{1}{\hbar^2} \, |\boldsymbol{D}_{12}\boldsymbol{e}_\mu|^2 \, |a_\mu^0|^2 \, (n_\mu + 1) \, \frac{\sin^2 \dfrac{\omega_\mu - \omega_{21}}{2} t}{\left(\dfrac{\omega_\mu - \omega_{21}}{2}\right)^2}$$

$$(\omega_{21} \equiv \omega_2 - \omega_1). \tag{2.40}$$

Betrachten wir nun wieder das volle quantenmechanische Ensemble, durch welches das einfallende Licht zu beschreiben ist, dann haben wir (2.40) über das Gesamt-Ensemble zu mitteln, was einfach auf die Ersetzung der Photonenzahlen n_μ durch die entsprechenden Mittelwerte $\overline{n}_\mu$ hinausläuft.

Experimentell interessiert in erster Linie die Gesamtwahrscheinlichkeit für die Emission ohne Rücksicht darauf, von welcher Sorte μ das vom Atom ausgestrahlte Quant ist, d. h., wir haben zu bilden

$$W(t) = \sum_\mu \overline{W}_\mu(t), \tag{2.41}$$

wobei der Querstrich die Mittelung über das Ensemble andeuten soll.

Der Nenner in (2.40) bringt den Energieerhaltungssatz zum Ausdruck. Wir setzen im folgenden Resonanz voraus, d. h., wir nehmen an, daß die mittlere (Kreis-)Frequenz ω_0 des eingestrahlten Lichtes mit der Atomfrequenz ω_{21} zusammenfällt. Gemäß (2.30) können wir die μ-Summation durch eine Integration ersetzen. Da die Größen $\varrho(\omega)$ und $|a^0_\mu|^2$ von der Ausbreitungsrichtung unabhängige und mit der Frequenz schwach veränderliche Funktionen sind, können sie — genommen an der Resonanzstelle $\omega = \omega_{21}$ — vor das Integral gezogen werden. Ebenso kann auf Grund unserer Voraussetzung über den einfallenden Lichtstrahl $\bar{n}_\mu$ durch den Wert $\bar{n}$ für $\omega = \omega_{21}$ und die Ausbreitungsrichtung $\boldsymbol{n}$ ersetzt werden. Da die Vektoren $\boldsymbol{e}_\mu$ voraussetzungsgemäß praktisch zusammenfallen, hängt außerdem das Skalarprodukt $\boldsymbol{D}_{12}\boldsymbol{e}_\mu$ von μ nicht ab, was wir durch das Weglassen des Indexes μ andeuten. Damit wird aus Gl. (2.41)

$$W(t) = \frac{1}{\hbar^2}\,|\boldsymbol{D}_{12}\boldsymbol{e}|^2\,|a^0_\mu(\omega_{21})|^2\,\varrho(\omega_{21})\,(\bar{n}+1)\,\delta\Omega$$

$$\times \int\limits_{\omega_{21}-\frac{\delta\omega}{2}}^{\omega_{21}+\frac{\delta\omega}{2}} \frac{\sin^2\dfrac{\omega-\omega_{21}}{2}\,t}{\left(\dfrac{\omega-\omega_{21}}{2}\right)^2}\,d\omega. \qquad (2.42)$$

Substituiert man hier

$$\frac{\omega-\omega_{21}}{2}\,t = \eta, \qquad (2.43)$$

so entsteht

$$W(t) = \frac{2t}{\hbar^2} \,|\boldsymbol{D}_{12}\boldsymbol{e}|^2\, |a_\mu^0(\omega_{21})|^2 \,\varrho(\omega_{21})\, (\overline{n}+1)\, \delta\Omega \int\limits_{-\frac{\delta\omega}{4}t}^{\frac{\delta\omega}{4}t} \frac{\sin^2\eta}{\eta^2}\, d\eta . \tag{2.44}$$

Wir setzen nun die Linienbreite des eingestrahlten Lichtes als so groß voraus, daß die Ungleichung

$$\frac{\delta\omega}{4}\, t \gtrsim \pi \tag{2.45}$$

noch für Zeiten t erfüllt ist, die im Gültigkeitsbereich der störungstheoretischen Näherung liegen. Da der Wert $\eta = \pi$ der ersten Nullstelle des Integranden in (2.44) entspricht und letzterer für große η offenbar quadratisch abfällt, können dann die Integrationsgrenzen in (2.44) näherungsweise nach $-\infty$ bzw. $+\infty$ verschoben werden. Das Integral liefert so einfach den Wert π, und wir erhalten eine zeitunabhängige Übergangswahrscheinlichkeit pro Zeiteinheit

$$w \equiv \frac{W(t)}{t} = \frac{(2\pi)^2\, \nu_r^3}{\hbar c^3}\, |\boldsymbol{D}_{12}\boldsymbol{e}|^2\, (\overline{n}+1)\, \delta\Omega \tag{2.46}$$

mit $\nu_r = \omega_{21}/(2\pi)$ als Resonanzfrequenz (Gl. (2.1)) wobei noch die Beziehung (2.31) beachtet wurde.

Diese Übergangswahrscheinlichkeit bezieht sich, um es noch einmal zu wiederholen, auf den Prozeß der Verstärkung des einfallenden Lichtstrahls (Emission eines Photons in irgendeine der im eingestrahlten Licht bereits angeregten Eigenschwingungen).

Bemerkenswert ist zunächst, daß der Ausdruck (2.46) nicht von der Linienbreite des eingestrahlten Lichtes abhängt (falls nur die Ungleichung (2.45) gültig ist). Dieses Ergebnis macht noch einmal den Resonanzcharakter der Wechselwirkung deutlich: Es treten praktisch nur solche

Eigenschwingungen des Strahlungsfeldes mit dem Atom in Wechselwirkung, deren Frequenz in der Nähe der Resonanzfrequenz liegt. Ob Eigenschwingungen mit von der Resonanzfrequenz merklich abweichenden Frequenzen angeregt sind oder nicht, ist für den Prozeß bedeutungslos.

Das Skalarprodukt $\boldsymbol{D}_{12}\boldsymbol{e}$ in (2.46) gibt Anlaß zu einer Abhängigkeit der Emissionswahrscheinlichkeit von der Polarisationsrichtung und (da diese senkrecht zur Ausbreitungsrichtung steht) auch von der Ausbreitungsrichtung des Lichtes. Dieser Effekt ist verständlich, weil wir mit einem räumlich orientierten Atom gerechnet haben. Wir haben ja angenommen, daß Anfangs- und Endzustand des Atoms jeweils durch eine einzige Wellenfunktion repräsentiert werden. Da, wie man leicht nachrechnet, das Matrixelement $\boldsymbol{D}_{12} = \langle b_1 | \boldsymbol{D} | b_2 \rangle$ nur dann von Null verschieden ist, wenn sich $|b_1\rangle$ und $|b_2\rangle$ in der Drehimpulsquantenzahl l um ± 1 unterscheiden, ist mindestens eines der beiden Niveaus 1 und 2 (bei einem freien Atom) entartet, und die Besetzung eines von mehreren Unterniveaus bedeutet bekanntlich eine räumliche Orientierung. Letztere kommt im Vektorcharakter der Größe $\boldsymbol{D}_{12}$ — im Fall eines reellen Vektors $\boldsymbol{D}_{12}$, wie er jedenfalls bei Übergängen mit $\Delta m = 0$ (m magnetische Quantenzahl) vorliegt, also in der Richtung von $\boldsymbol{D}_{12}$ — zum Ausdruck.

Offenbar ist die Übergangswahrscheinlichkeit (2.46) gleich Null, wenn die Einstrahlung in Dipolrichtung (Richtung des als reell vorausgesetzten Vektors $\boldsymbol{D}_{12}$) erfolgt, da dann der Polarisationsvektor $\boldsymbol{e}$ senkrecht auf $\boldsymbol{D}_{12}$ steht. Andererseits ist w maximal, falls $\boldsymbol{e}$ und $\boldsymbol{D}_{12}$ parallel sind, was senkrechtem Einfall entspricht..

In praktischen Fällen sind die Atome meist nicht orientiert, was man formal am einfachsten durch Mittelung des Ausdruckes (2.46) über alle Orientierungen des Vektors $\boldsymbol{D}_{12}$ berücksichtigen kann.

Die Übergangswahrscheinlichkeit (2.46) kann offensichtlich gemäß

$$w = w_{\text{ind}} + w_{\text{spont}} \tag{2.47}$$

mit

$$w_{\text{ind}} = \frac{(2\pi)^2 \nu_r^3}{\hbar\, c^3} \, |\boldsymbol{D}_{12}\boldsymbol{e}|^2 \, \bar{n} \, \delta\Omega \tag{2.48}$$

und

$$w_{\text{spont}} = \frac{(2\pi)^2 \nu_r^3}{\hbar\, c^3} \, |\boldsymbol{D}_{12}\boldsymbol{e}|^2 \, \delta\Omega \tag{2.49}$$

formal in zwei Anteile aufgespalten werden, von denen der erste proportional zur mittleren Photonenzahl $\bar{n}$ (pro Eigenschwingung) für das einfallende Licht und der zweite davon unabhängig ist. Der zweite Term w_{spont} gibt offenbar die Wahrscheinlichkeit für die Emission eines Photons mit der Polarisationsrichtung $\boldsymbol{e}$ in das Raumwinkelelement $\delta\Omega$ an (wobei über die Frequenz – wegen der Unabhängigkeit der Formel (2.46) von $\delta\nu$ – weiter nichts ausgesagt wird, als daß sie in der Nähe der Resonanzfrequenz ν_r liegt) für den Fall, daß ursprünglich kein Feld vorhanden ist, d. h., w_{spont} bezieht sich auf den Prozeß der spontanen Emission. Der erste Term w_{ind} repräsentiert den Einfluß des eingestrahlten Feldes; er zeigt die den Emissionsprozeß beschleunigende („stimulierende“) Wirkung des einfallenden Lichtes, m. a. W., er beschreibt den Vorgang der induzierten Emission.

Man sollte jedoch der Aufspaltung (2.47) keine zu wörtliche Bedeutung beimessen etwa in dem Sinne, daß im Einzelfall *entweder* eine induzierte Emission mit der Wahrscheinlichkeit w_{ind} *oder* eine spontane Emission mit der Wahrscheinlichkeit w_{spont} erfolgt. In Wirklichkeit handelt es sich, wie die Herleitung von Gl. (2.46) zeigt, um einen einheitlichen Prozeß, und es besteht prinzipiell nicht einmal die Möglichkeit, das neu erzeugte Lichtquant von den bereits vorhandenen zu unterscheiden, ganz zu schweigen von der Möglichkeit einer Unterscheidung zwischen induziert und spontan emittierten Quanten (sofern die spontan emittierte Strahlung bezüglich Ausbreitungsrichtung und Polarisation mit dem eingestrahlten Licht übereinstimmt, natürlich). Trotzdem hat die Aufspaltung (2.47) eine große heuristische Bedeutung für Kohärenzfragen. Hier stellt man sich z. B. vor, daß die „echte" induzierte Emission, beschrieben durch w_{ind} (Gl. (2.48)), die Phase des einfallenden Lichtes exakt unverändert läßt, während die spontane Emission mit statistischer Phase erfolgt und damit eine gewisse Unschärfe der Phase des Lichtstrahls verursacht; m. a. W., man macht die spontane Emission für Rauschvorgänge verantwortlich.

Aus Gln. (2.48) und (2.49) folgt sofort die einfache Beziehung

$$\frac{w_{\text{ind}}}{w_{\text{spont}}} = \bar{n}. \tag{2.50}$$

Setzt man hier den Ausdruck (2.33) für $\bar{n}$ ein, so entsteht

$$\frac{w_{\text{ind}}}{w_{\text{spont}}} = \frac{c^3}{2\pi\hbar\nu_r^3}\, u_L(\nu_r, \boldsymbol{n}, p). \tag{2.51}$$

Diese Beziehung stimmt genau mit der von Einstein durch thermodynamische Überlegungen gefundenen Relation (2.9) überein, wenn man noch den Zusammenhang zwischen der in der Einsteinschen Formel stehenden (totalen) spektralen Energiedichte $u(\nu)$ und der auf die Einheit des Raumwinkelelements und auf eine definierte Polarisationsrichtung bezogenen spektralen Energiedichte $u(\nu, \boldsymbol{n}, p)$ berücksichtigt, der im Fall der schwarzen Strahlung einfach

$$u(\nu) = \sum_p \int \mathrm{d}\Omega\, u(\nu, \boldsymbol{n}, p) = 8\pi\, u(\nu, \boldsymbol{n}, p) \tag{2.52}$$

lautet (da die schwarze Strahlung ja isotrop und unpolarisiert ist).

Genau gesprochen stellt Gl. (2.51) eine Verschärfung von (2.9) dar, denn sie bezieht sich auf die Ausstrahlung in einen bestimmten Winkelbereich und mit definierter Polarisationsrichtung, während die Einsteinsche Formel bereits die über alle Ausbreitungsrichtungen integrierten und über die beiden Polarisationsrichtungen summierten Übergangswahrscheinlichkeiten enthält.

Mit Gln. (2.48) und (2.33) ist gleichzeitig auch der EINSTEINsche Ansatz (2.3) für die induzierte Übergangswahrscheinlichkeit quantenmechanisch begründet.

Wir betrachten nun noch die „reine" spontane Emission, die dadurch zu kennzeichnen ist, daß entweder das Lichtquant in eine andere Richtung als die des einfallenden Lichtes gestrahlt wird (wobei die Polarisation beliebig sein kann) oder — bei Übereinstimmung von Emissions- und Einfallsrichtung — die Polarisation des emittierten Quants verschieden von der des eingestrahlten Lichtes ist. Offenbar kann man dann das emittierte Quant von den einfallenden experimentell leicht unterscheiden.

Die dem geschilderten Prozeß entsprechenden Matrixelemente des Wechselwirkungsoperators sind nach (2.37)

$$< b_1; 0, \ldots, 0, 1_\lambda, 0, \ldots, 0, n_{\mu_1}, \ldots, n_{\mu_Z}, 0, \ldots | H^W |$$

$$b_2; 0, \ldots, 0, n_{\mu_1}, \ldots, n_{\mu_Z}, 0, \ldots > = - a_\lambda^{0*} (\boldsymbol{D}_{12} \boldsymbol{e}_\lambda) . \quad (2.53)$$

An Gl. (2.53) erkennt man bereits, daß hier das eingestrahlte Feld eine passive Rolle spielt, da das Matrixelement (2.53) von den Photonenzahlen $n_{\mu_1}, \ldots, n_{\mu_Z}$ vollständig unabhängig ist. Berechnen wir wieder die Wahrscheinlichkeit für den Prozeß der Emission eines Photons definierter Polarisationsrichtung $\boldsymbol{e}'$ in ein bestimmtes Raumwinkelelement $\delta\Omega'$, so erhalten wir nach demselben Verfahren, wie es oben für den Fall der Verstärkung des einfallenden Lichtes durchgeführt wurde,

$$w'_{\text{spont}} = \frac{(2\pi)^2 \nu_r^3}{\hbar c^3} |\boldsymbol{D}_{12} \boldsymbol{e}'|^2 \, \delta\Omega' , \quad (2.54)$$

d. h. den Ausdruck w_{spont} von Gl. (2.49), wobei jetzt $\boldsymbol{e}'$ und $\delta\Omega'$ nicht durch die Beschaffenheit des eingestrahlten Lichts, sondern durch die Versuchsanordnung festgelegt sind.

Der Richtungsfaktor $|\boldsymbol{D}_{12}\boldsymbol{e}'|^2$ in (2.54) liefert die schon klassisch bekannte Richtungscharakteristik der Dipolstrahlung.

Gl. (2.54) lehrt, daß die induzierende Wirkung des Feldes auf solche Eigenschwingungen beschränkt ist, die zu Beginn der Wechselwirkung bereits angeregt waren; anders ausgedrückt, durch induzierte Emission werden nur Quanten von derselben Sorte wie die eingestrahlten erzeugt. Wie schon zu Beginn dieses Abschnitts erwähnt, ist diese Besonderheit des induzierten Emissionsprozesses von entscheidender Bedeutung für das Aufschaukeln einiger weniger Eigenschwingungen im Laser.

Wir betonen an dieser Stelle, daß man sich unter den Eigenschwingungen nicht notwendig laufende ebene Wellen vorzustellen braucht; es kann sich auch um stehende Wellen in einem Resonator handeln, die auch nicht vom Typ ebener Wellen zu sein brauchen. Unser Ergebnis ist damit auch in diesem Punkte allgemeiner als das entsprechende EINSTEINsche (s. o.), das sich nur auf laufende ebene Wellen bezieht.

Die Behandlung des Absorptionsprozesses schließlich läßt sich nun leicht durchführen. Hier nehmen wir an, daß sich das Atom zur Anfangszeit $t = 0$ im tieferen Zustand $|b_1>$ befindet. Der einfallende Lichtstrahl sei derselbe wie im oben untersuchten Fall der Emission.

Statt (2.38) haben wir dann den Ausgangszustand

$$\psi_0^{\mathrm{Abs}} = |b_1; 0, \ldots, 0, n_{\mu_1}, n_{\mu_2}, \ldots, n_{\mu_Z}, 0, \ldots >, \quad (2.55)$$

und die möglichen Endzustände sind gegeben durch

$$\psi_\mu^{\mathrm{Abs}} = |b_2; 0, \ldots, 0, n_{\mu_1}, \ldots, n_\mu - 1, \ldots, n_{\mu_Z}, 0, \ldots >. \quad (2.56)$$

Die Ausgangs- und Endzustand verknüpfenden Matrixelemente des Wechselwirkungsoperators lauten

$$< b_2; 0, \ldots, 0, n_{\mu_1}, \ldots, n_\mu - 1, \ldots, n_{\mu_Z}, 0, \ldots | H^W |$$
$$b_1; 0, \ldots, 0, n_{\mu_1}, \ldots, n_\mu, \ldots, n_{\mu_Z}, 0, \ldots >$$
$$= - a_\mu^0 (\boldsymbol{D}_{21} \boldsymbol{e}_\mu) \sqrt{n_\mu}, \qquad (2.57)$$

und die Wahrscheinlichkeit (pro Zeiteinheit) dafür, daß *irgendeines* der anfänglich vorhandenen Photonen absorbiert wird, ergibt sich nach demselben Verfahren wie oben zu

$$w_{\text{abs}} = \frac{(2\pi)^2 \nu_r^3}{\hbar c^3} |\boldsymbol{D}_{21} \boldsymbol{e}|^2 \, \bar{n} \, \delta\Omega. \qquad (2.58)$$

Nun sind auf Grund der Hermitizität des Operators $\boldsymbol{D}$ die Matrixelemente $\boldsymbol{D}_{12}\boldsymbol{e}$ und $\boldsymbol{D}_{21}\boldsymbol{e}$ konjugiert komplex zueinander (bei geeigneter Wahl der Phasen der Atomwellenfunktionen sind beide reell und damit sogar gleich), daher ist die Absorptionswahrscheinlichkeit (2.58) genauso groß wie die Wahrscheinlichkeit für induzierte Emission, wie ebenfalls schon von EINSTEIN gefolgert wurde (Gl. (2.8)).

Ein Analogon zu w_{spont} gibt es bei der Absorption aus Energieerhaltungsgründen nicht (es müßte ja ein Atom angeregt werden, ohne daß Photonen vorhanden wären), d. h., die Absorption ist ein rein induzierter Prozeß.

1.3. Pumpen

Wir knüpfen an die am Ende des vorangehenden Abschnitts getroffene Feststellung an, daß die Übergangswahrscheinlichkeiten für induzierte Emission und Absorption gleich sind. Sie führt uns unmittelbar auf eine experimentell sehr wichtige notwendige Bedingung für den Laserbetrieb: Es muß die (mittlere) Zahl N_2 der im angeregten Niveau 2 befindlichen Atome größer sein als die entsprechende Zahl N_1 für das untere Niveau 1. Nur in diesem Fall überwiegt ja die Zahl der (im Mittel) emittierten Lichtquanten die der absorbierten, so daß eine Ausstrahlung erfolgen kann.

Da das in der Laser-Apparatur vorhandene Strahlungsfeld auch Verluste erleidet (die etwa durch Beugung an den Resonatorspiegeln, aber auch schon allein durch das Austreten von Lichtquanten aus dem Resonator, also durch die eigentliche Ausstrahlung aus dem Laser, verursacht sind), kann man die Bedingung für einen stationären Laserbetrieb genauer so formulieren: Es müssen von dem System der Atome — im Gegenspiel von induzierter Emission und Absorption — pro Zeiteinheit (im Mittel) gerade so viele Photonen geliefert werden, daß die Verluste des Strahlungsfeldes insgesamt kompensiert werden.

Da im Normalfall (bei Vorliegen einer bestimmten Temperatur) für die Besetzungszahlen der Atomniveaus entsprechend der Boltzmann-Verteilung die Ungleichung $N_1 > N_2$ gilt, ist also für den Laserbetrieb eine Umkehrung der Besetzungsverhältnisse für die Atome, eine Besetzungsinversion, erforderlich, wobei man unter der letzteren Bezeichnung zugleich die Differenz

$$\sigma = N_2 - N_1 \tag{3.1}$$

versteht, die somit im Fall des Lasers größer als Null sein muß.

Wir wollen nun kurz auf die experimentellen Verfahren zur Herstellung einer Besetzungsinversion eingehen. Letztere wurde erstmalig beim Ammoniak-Maser verwirklicht [28] und zwar in der Weise, daß ein von einem Ofen emittierter Strahl aus Ammoniakmolekülen durch ein von einem Quadrupolkondensator erzeugtes (statisches) inhomogenes elektrisches Feld geschickt wurde, das eine Fokussierung der angeregten Moleküle längs der Achse des Kondensators bewirkte und die nichtangeregten Moleküle nach außen ablenkte. So ließ sich erreichen, daß hauptsächlich angeregte Moleküle in den Maser-Resonator eintraten.

Im Fall eines Masers oder Lasers, bei dem die Arbeitssubstanz nicht ständig erneuert wird, muß man natürlich in anderer Weise vorgehen. Hier ist es erforderlich, die Atome ständig wieder auf das angeregte Niveau zu „heben", nachdem sie durch einen Emissionsprozeß in das tiefere Niveau übergegangen sind.[1]) Dies geschieht beim Festkörper-Laser durch das sogenannte optische Pumpen, d. h. durch intensive Einstrahlung von Licht, das kurzwelliger ist als die Laserstrahlung und die Atome veranlaßt, unter Absorption der einfallenden Quanten in ein höheres (über dem oberen Niveau 2 des Laserüberganges liegendes) Niveau — oder besser noch, in eine Gruppe derartiger Niveaus — überzugehen, von wo sie im allgemeinen unter Energieabgabe an das Kristallgitter (strahlungslos also) schnell in das Niveau 2 „fallen". Wir verdeutlichen die Verhältnisse am Beispiel des Rubinlasers [46], wo die in das Al_2O_3-Gitter eingelagerten Cr^{3+}-Ionen für den Laserprozeß verantwortlich sind (s. Abb. 1). Der Laserübergang findet zwischen dem (im Kristallfeld in zwei Niveaus aufgespaltenen) metastabilen Niveau ^2E der Chromionen und dem Grundniveau statt. Zum Pumpen stehen zwei Absorptionsbanden für blau-violettes bzw. grünes Licht zur Verfügung. Von ihnen aus erfolgt durch strahlungslose Übergänge eine Auffüllung des oberen Niveaus des Laserüberganges. Da dieses Niveau sehr langlebig (in bezug auf spontane Emission) ist, sammeln sich dort die Atome an, und es entsteht eine Besetzungsinversion, wenn die Intensität des Pumplichtes (das von einer Gasentladungsblitzröhre geliefert wird) ausreicht, um das Grundniveau der Chromionen um mehr als 50% zu entleeren.

Bei einem Gas-Laser findet die Anregung der Atome primär durch Elektronenstöße in einer Gasentladung

---

[1]) Falls das untere Niveau 1 des Laserüberganges nicht mit dem Grundniveau identisch ist, gehen die Atome von 1 durch spontane Prozesse in den Grundzustand über und werden erst von dort aus „hochgepumpt".

statt. Das Prinzip, nach dem beispielsweise der von Javan, Bennett und Herriott [38] entwickelte Helium-Neon-Laser arbeitet, ist das folgende (s. Abb. 2): Um eine selektive Anregung von Ne-Niveaus zu erreichen,

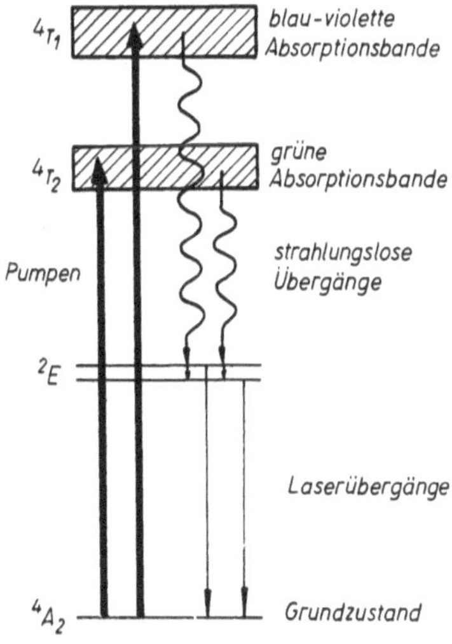

Abb. 1. Niveauschema des Rubinlasers

von denen aus dann Laserübergänge stattfinden können, werden He-Atome als Energiezuträger verwendet. Dabei wird die Tatsache ausgenutzt, daß die He-Atome zwei metastabile (also langlebige) Niveaus $2\ ^1S$ und $2\ ^3S$ besitzen, die energetisch mit den 3s- bzw. 2s-Niveaus des Ne nahezu zusammenfallen, so daß Ne-Atome durch unelastische Zusammenstöße mit (im Zustand $2\ ^1S$ bzw. $2\ ^3S$ befindlichen) He-Atomen aus dem Grundniveau in die 3s- bzw. 2s-Niveaus gepumpt werden können.

In praxi sorgt man zunächst durch die Wahl eines die He-Atome begünstigenden Mischungsverhältnisses He: Ne dafür, daß durch die Elektronenstöße mehr He- als Ne-Atome angeregt werden. Dabei gehen die He-Atome in eine ganze Reihe von Anregungszuständen über, von denen aus Kaskadenübergänge in die obengenannten metastabilen Niveaus erfolgen. Nun findet durch Stöße zweiter Art eine Anregung hauptsächlich der 3s- und

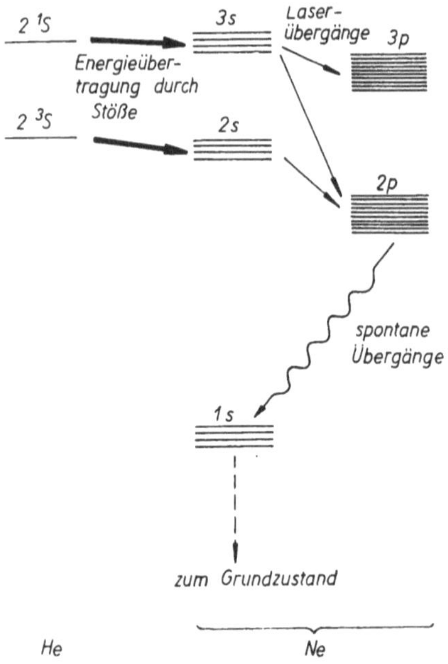

Abb. 2. Niveauschema des He-Ne-Lasers

2s-Niveaus des Ne statt, so daß eine Besetzungsinversion zwischen den 3s- und 2p-Niveaus bzw. den 2s- und 2p-Niveaus des Ne entsteht, und es sind Laserübergänge zwischen einem der 3s- und einem der 2p-Niveaus bzw. einem der 2s- und einem der 2p-Niveaus jeweils möglich. Im ersten Fall liegt die ausgestrahlte Frequenz im roten, im zweiten Fall im infraroten Spektralbereich. Wie aus Abb. 2 ersichtlich ist, können außerdem Übergänge von den 3s- zu den 3p-Niveaus des Ne stattfinden. Auch in diesem Fall läßt sich Lasertätigkeit erzielen.

Die Entleerung der 2p-Niveaus geschieht durch spontane Strahlungsübergänge zum metastabilen 1s-Niveau des Ne. Die anschließenden Übergänge in den Grundzustand erfolgen interessanterweise zu einem großen Teil durch Zusammenstöße der Ne-Atome mit den Wänden des Glasrohres, was experimentell dazu führt, daß die Strahlungsleistung des Lasers mit wachsendem Rohrdurchmesser abnimmt.

1.4. Rückkopplung

Wie in Abschn. 1.2. gezeigt, werden durch den Prozeß der induzierten Emission nur solche Eigenschwingungen des Strahlungsfeldes verstärkt, die zu Beginn der Wechselwirkung bereits angeregt sind. Die zugehörige Emissionswahrscheinlichkeit ist dabei nach Gl. (2.48) proportional zu der mittleren Photonenzahl $\bar{n}$ (pro Eigenschwingung) für das induzierende Feld. Andererseits erfolgt eine Ausstrahlung von Photonen solcher Sorten, die im Ausgangszustand nicht (formal gesprochen mit der Photonenzahl Null) vertreten sind, mit einer vom äußeren Feld unabhängigen Wahrscheinlichkeit w'_{spont} (Gl. (2.54)).

Damit ist zunächst die Möglichkeit der Verstärkung eines einfallenden Signals gegeben: Beim Durchgang einer eingestrahlten Welle durch ein Medium, in dem durch Pumpen eine Besetzungsinversion erzeugt wurde, findet — entsprechend der erwähnten Besonderheit des Prozesses der induzierten Emission — bevorzugt eine Emission von Photonen der gleichen Sorte wie die der eingestrahlten statt.

Man kann nun aber auch — in Analogie zu dem rückgekoppelten Röhrenverstärker der Rundfunktechnik — durch Anwendung des Rückkopplungsprinzips erreichen, daß aus der großen Zahl von Eigenschwingungen, die durch spontane Emissionsvorgänge angeregt werden können, einige wenige ausgewählt und in großem Maße verstärkt werden, so daß der Apparat wie ein selbsterregter Sender für elektromagnetische Strahlung arbeitet. In der Tat, ist eine Eigenschwingung einmal stärker angeregt als die übrigen, dann wächst ihre Intensität durch induzierte Emission entsprechend Gl. (2.48) auch stärker an als die der anderen Eigenschwingungen (nach dem aus der Bibel bereits bekannten Prinzip: „Wer da hat, dem wird gegeben werden"), so daß es zu einer Aufschaukelung einiger weniger Eigenschwingungen kommen kann.

Wie läßt sich nun aber eine Bevorzugung gewisser Eigenschwingungen gegenüber den anderen experimentell verwirklichen? Wenn wir von der Tatsache absehen, daß bei einem Rubinstab etwa oder einem mit Gas gefüllten Entladungsrohr die in Richtung der Stab- bzw. Rohrachse emittierten Quanten länger im aktiven Material bleiben und damit mehr Emissionsprozesse stimulieren können als die seitlich wegfliegenden Quanten, sind alle Emissionsrichtungen gleich wahrscheinlich, und das Emissionsspektrum ist in erster Näherung durch die Linienform der spontanen Strahlung gegeben.

Diese Sachlage ändert sich vollständig, wenn man den Kristall (oder das Entladungsrohr) in einen Resonator vom Fabry-Perot-Typ bringt, wobei man die Anordnung zweckmäßigerweise so wählt, daß die Stab- bzw. Rohrachse mit der Resonatorachse zusammenfällt (s. Abb. 3).

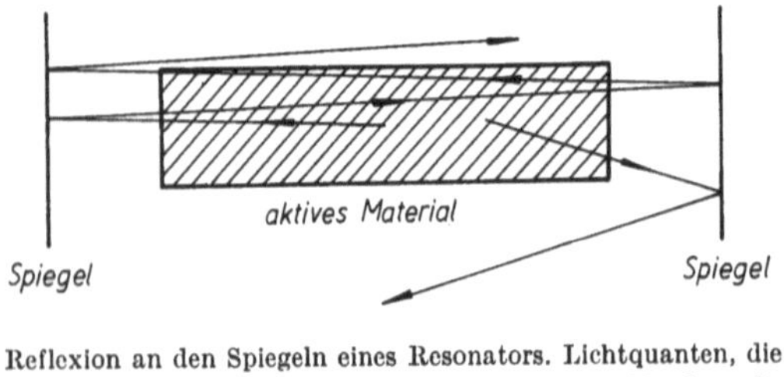

Abb. 3. Reflexion an den Spiegeln eines Resonators. Lichtquanten, die nahezu in Richtung der Resonatorachse emittiert werden, durchlaufen oftmals die aktive Substanz

(Beim Rubinlaser braucht man dazu einfach die Endflächen des Rubinstabes zu versilbern.) Nunmehr findet in gewissen Fällen eine Rückkopplung statt, nämlich für solche Photonen, die sich (nahezu) senkrecht zu den Spiegeloberflächen ausbreiten. Diese Lichtquanten laufen nach der ersten Reflexion wieder durch das aktive Medium, werden am zweiten Spiegel erneut reflektiert usf. und vergrößern so die Intensität der zugehörigen Eigenschwingungen (die nun — infolge der Reflexionen — den Charakter stehender Wellen annehmen), was wiederum zu einer bevorzugten Erzeugung von Photonen der betrachteten Art durch induzierte Emissionsprozesse Anlaß gibt. Dagegen fehlt eine solche Rückkopplung (oder sie ist jedenfalls wesentlich geringer) im Fall von Photonen, die seitlich (in bezug auf die Resonatorachse) ausgestrahlt werden. Quanten solcher Art werden in der Weise reflektiert, daß sie das aktive Material nur einige wenige Male passieren und dann den Resonator verlassen, oder sie fliegen sogar schon beim ersten Mal an den Spiegeln überhaupt vorbei (s. Abb. 3).

Wir können den geschilderten Sachverhalt auch dadurch ausdrücken, daß wir die einzelnen Eigenschwingungen durch unterschiedliche mittlere „Lebensdauern" — genauer, Aufenthaltsdauern im Resonator — eines zugehörigen Photons kennzeichnen, oder, was dem entspricht, durch verschieden große Resonatorverluste. Für nahezu parallel zur Resonatorachse sich ausbreitende Photonen ist dann die „Lebensdauer" hauptsächlich nur durch die endliche, aber kleine Durchlässigkeit der Resonatorspiegel begrenzt (man beachte, daß die durch die Spiegel hindurchgetretenen Photonen erst die eigentliche Laserstrahlung bilden!), während in den anderen Fällen die großen Beugungsverluste der elektromagnetischen Wellen an den Spiegelrändern die wesentliche Ursache für die starke Verkleinerung der mittleren „Lebensdauer" der Photonen (die mit einer entsprechenden Vergrößerung der Resonatorverluste gleichbedeutend ist) darstellen.

Aus energetischen Gründen ist nun klar, daß sich die Eigenschwingungen mit den kleinsten Verlusten zuerst aufschaukeln werden, wenn die Pumpleistung über den Schwellenwert, d. h. den Wert, bei dem die Lasertätigkeit einsetzt, erhöht wird. (Im stationären Betrieb muß ja der Verlust an Photonen gerade durch den Gewinn infolge des Überwiegens der induzierten Emission gegenüber der Absorption gedeckt werden, und letzterer ist um so größer, je stärker gepumpt wird.) Erst bei merklich über der Schwelle liegenden Pumpleistungen können dann auch Eigenschwingungen mit größeren Verlusten an der Laserausstrahlung beteiligt sein.

Es sind also nur wenige Eigenschwingungen, die im normalen Laserbetrieb sehr stark angeregt werden, und nach dem Gesagten sind es solche, bei denen sich die Photonen nahezu parallel zur Resonatorachse ausbreiten. Genau gesprochen handelt es sich um stehende Wellen, die durch Superposition von in entgegengesetzter Richtung laufenden Wellen entstanden sind. Bei diesen stehenden Wellen weist die elektrische Feldstärke auf den Spiegeloberflächen Knoten auf. (Exakt gilt dies nur im Fall unendlich großer Leitfähigkeit der reflektierenden Schicht; bei [kleiner] endlicher Durchlässigkeit der Spiegel ist der Wert der elektrischen Feldstärke auf der Spiegeloberfläche von Null verschieden, aber noch vernachlässigbar klein.) Daraus folgt eine Auswahl der möglichen Laserfrequenzen durch die offensichtliche Bedingung, daß der Spiegelabstand ein ganzzahliges Vielfaches des Knotenabstandes, also der halben Wellenlänge der elektromagnetischen Schwingung sein muß. Das bedeutet, da diese Frequenzbedingung noch von verschiedenen innerhalb der Linienbreite der spontanen Strahlung liegenden Frequenzen erfüllt wird, wir haben ein diskretes, aus äquidistanten Linien bestehendes Spektrum von — im Verhältnis zu dem spontan emittierten Licht sehr scharfen — Laserfrequenzen, das durch die Geometrie des Resonators festgelegt ist.

Im Endeffekt bewirken somit die Resonatorspiegel

sowohl eine Richtungs- wie auch eine Frequenzselektion der Strahlung. Sie sind damit gleichzeitig für die hohe spektrale Energiedichte des Laserlichtes verantwortlich, da die durch Emissionsprozesse frei werdende Energie nunmehr im wesentlichen nur den wenigen bevorzugten Eigenschwingungen zugute kommen kann. Der Resonator ist somit als eigentliche Ursache für die experimentell so bedeutsame Richtungsbündelung, Frequenzschärfe und hohe spektrale Energiedichte anzusehen, durch die sich die Laserstrahlung (neben der Amplitudenstabilität) so vorteilhaft vom thermischen Licht unterscheidet.

Bevor wir auf die eigentliche Kinematik des Lasers näher eingehen, wollen wir im nächsten Kapitel die eben durchgeführten qualitativen Betrachtungen über die in einem Resonator mit fehlenden Seitenwänden, einem sogenannten offenen Resonator, sich ausbildenden Schwingungsformen des elektromagnetischen Feldes in Richtung auf eine mehr quantitative Beschreibung weiterführen, die im besonderen die Verluste verschiedener Typen von Eigenschwingungen zu berechnen gestattet.

2. Elektromagnetische Felder in offenen optischen Resonatoren

2.1. Heuristische Überlegungen

Wir betrachten zunächst ein in einem geschlossenen zylinderförmigen Resonator mit ideal reflektierenden Wänden eingeschlossenes elektromagnetisches Feld und versuchen uns anschaulich ein Bild zu machen von den Auswirkungen folgender Veränderungen des Resonators auf die elektromagnetischen Eigenschwingungen:
a) Ersetzung der vollständig reflektierenden Deckflächen des Zylinders durch schwach lichtdurchlässige Spiegel

und b) Entfernung der seitlichen Wandflächen. (Wir folgen dabei in den Grundgedanken den ursprünglichen Überlegungen von SCHAWLOW und TOWNES [64].)

Sei L die Länge des zylindrischen Resonators und a die Kantenlänge der als quadratisch vorausgesetzten Deckflächen. Wir denken uns das Koordinatensystem so gelegt, daß die Richtung der Zylinderachse mit der z-Richtung zusammenfällt und die einzelnen Wandflächen Teile der Ebenen $z = 0$ und $z = L$ (Deckflächen) bzw. $x = 0$, $x = a$, $y = 0$, $y = a$ (Seitenflächen) sind. Für den Fall unendlich gut leitender Wände lautet die erste Randbedingung für die elektrische Feldstärke $\boldsymbol{E}$

$$E_{tg} = 0 \quad \text{auf den Wänden,} \tag{1.1}$$

wobei E_{tg} die Tangentialkomponente von $\boldsymbol{E}$ bezüglich der jeweiligen Wand bezeichne.

Wir nehmen weiterhin an, daß im Innern des Resonators keine elektrischen Ladungen vorhanden sind; dann gilt

$$\operatorname{div} \boldsymbol{E} = 0, \tag{1.2}$$

und daraus folgt zusammen mit (1.1) die zweite Randbedingung

$$\frac{\partial E_n}{\partial n} = 0 \quad \text{auf den Wänden} \tag{1.3}$$

mit n als Normalenrichtung (in bezug auf die Wand) und E_n als Normalkomponente von $\boldsymbol{E}$.

Die Eigenschwingungen sind als stationäre Schwingungsformen definiert, d. h., die zugehörige elektrische Feldstärke läßt sich mathematisch in der Form

$$\boldsymbol{E}(\boldsymbol{r}, t) = \boldsymbol{E}(\boldsymbol{r}) \cos(\omega t + \varphi) \tag{1.4}$$

darstellen, wobei der Wert der Phase φ beliebig ist.

Offenbar ist unserem Problem die Separation der Wellengleichung in kartesischen Koordinaten angepaßt, und wir erhalten unter Berücksichtigung der Randbedingungen (1.1) und (1.3) leicht die folgende explizite Lösung für die Komponenten von $\boldsymbol{E}(\boldsymbol{r})$

$$\begin{aligned} E_x(\boldsymbol{r}) &= a_x \cos k_x x \sin k_y y \sin k_z z, \\ E_y(\boldsymbol{r}) &= a_y \sin k_x x \cos k_y y \sin k_z z, \\ E_z(\boldsymbol{r}) &= a_z \sin k_x x \sin k_y y \cos k_z z, \end{aligned} \tag{1.5}$$

wobei die Komponenten k_x, k_y und k_z des Wellenzahlvektors $\boldsymbol{k}$ gegeben sind durch

$$k_x = \frac{n_x \pi}{a}, \quad k_y = \frac{n_y \pi}{a}, \quad k_z = \frac{n_z \pi}{L} \tag{1.6}$$

mit n_x, n_y und n_z als ganzen Zahlen, die unabhängig voneinander variiert werden können. (Allerdings darf, wie aus (1.5) ersichtlich ist, nur höchstens eine von ihnen gleich Null sein.)

Da der Übergang von $\boldsymbol{k}$ zu $-\boldsymbol{k}$ in (1.5) sämtliche Komponenten von $\boldsymbol{E}(\boldsymbol{r})$ ungeändert läßt, sind die zu $\boldsymbol{k}$ und $-\boldsymbol{k}$ gehörigen Schwingungsformen identisch, so daß wir die $\boldsymbol{k}$-Vektoren in (1.5) auf einen Halbraum, etwa $k_z \geq 0$ (genauer, gemäß (1.6) auf diskrete Gitterpunkte in diesem Halbraum) beschränken werden.

Zu einem vorgegebenen $\boldsymbol{k}$-Vektor gibt es dann — entsprechend den noch verfügbaren Koeffizienten a_x, a_y und a_z in (1.5) — noch zwei unabhängige Polarisationsrichtungen, die (wegen der bekannten Transversalität der elektromagnetischen Wellen, ausgedrückt durch Gl. (1.2)) senkrecht zu $\boldsymbol{k}$ stehen und damit so gewählt werden können, daß die zugehörigen Polarisationsvektoren (Einheitsvektoren in Feldrichtung) mit $\boldsymbol{k}$ zusammen ein orthogonales Dreibein bilden.

Aus der Wellengleichung folgt dann schließlich der bekannte Zusammenhang zwischen dem Wellenzahlvektor $\boldsymbol{k}$ und der Kreisfrequenz ω

$$\omega^2 = c^2 \boldsymbol{k}^2 . \tag{1.7}$$

Da die Komponenten von $\boldsymbol{k}$ nur diskrete Werte annehmen können, gilt das gleiche auch für die möglichen Frequenzen. Es liegt also ein diskretes Spektrum von Eigenfrequenzen vor; explizit ergeben sich nach (1.7) und (1.6) für die Kreisfrequenz folgende Werte

$$\omega = \pi c \sqrt{\left(\frac{n_x}{a}\right)^2 + \left(\frac{n_y}{a}\right)^2 + \left(\frac{n_z}{L}\right)^2} . \tag{1.8}$$

Die Gln. (1.5) zusammen mit (1.4) repräsentieren offenbar stehende Wellen. Letztere kann man sich stets als Überlagerungen gegeneinanderlaufender Wellen vorstellen; in der Tat braucht man dazu in (1.4) und (1.5) nur die Kosinus- und Sinusfunktionen durch Exponentialfunktionen auszudrücken. Die Wellenzahlvektoren der laufenden Wellen, die an der Eigenschwingung (1.5) beteiligt sind, können dann offenbar formal dadurch charakterisiert werden, daß ihre x-Komponente entweder gleich k_x oder $-k_x$, ihre y-Komponente entsprechend gleich k_y oder $-k_y$ und ihre z-Komponente gleich k_z oder $-k_z$ ist, d. h., die fraglichen Wellenzahlvektoren sind explizit gegeben durch

$$\begin{aligned} \boldsymbol{k} &= (k_x, k_y, k_z), \\ \boldsymbol{k}^{(1)} &= (-k_x, k_y, k_z), \\ \boldsymbol{k}^{(2)} &= (k_x, -k_y, k_z), \\ \boldsymbol{k}^{(3)} &= (k_x, k_y, -k_z) \end{aligned} \tag{1.9}$$

und die jeweils entgegengesetzt gerichteten Vektoren $-\boldsymbol{k}$ und $-\boldsymbol{k}^{(j)}$ $(j = 1, 2, 3)$.

Die zu $\boldsymbol{k}$ hinzugekommenen Wellenzahlvektoren lassen sich nun physikalisch sehr leicht interpretieren; es beschreibt nämlich $\boldsymbol{k}^{(1)}$ gerade diejenige ebene Welle, die durch Reflexion an einer Ebene $x = \text{const}$ aus einer Welle mit dem Wellenzahlvektor $\boldsymbol{k}$ hervorgeht, $-\boldsymbol{k}^{(1)}$ die durch Reflexion sowohl an einer Ebene $y = \text{const}$ als auch einer Ebene $z = \text{const}$ entstehende Welle, und das Entsprechende gilt für die übrigen Wellenzahlvektoren, so daß wir uns also die ursprüngliche stehende Welle sehr anschaulich aus all den laufenden Wellen zusammengesetzt denken können, die aus einer anfangs vorhandenen laufenden Welle mit dem Wellenzahlvektor $\boldsymbol{k}$ durch ein- oder mehrmalige Reflexion an den Resonatorwänden erzeugt werden.

Wenn wir speziell eine der Wände, etwa die in der Ebene $z = 0$ liegende Deckfläche, ins Auge fassen, so können wir sagen, es gehen von dieser Wandfläche (falls die x- und y-Komponenten des Wellenzahlvektors $\boldsymbol{k}$ beide von Null verschieden sind) insgesamt vier verschiedene Wellen aus mit den Wellenzahlvektoren

$$\boldsymbol{k}, \boldsymbol{k}^{(1)}, \boldsymbol{k}^{(2)} \quad \text{und} \quad -\boldsymbol{k}^{(3)} \tag{1.10}$$

(k_z ist nach dem Obigen immer positiv — genauer, nicht negativ), und die zugehörigen, jeweils in der entgegengesetzten Richtung sich ausbreitenden Wellen laufen auf die betrachtete Wand zu, werden dort reflektiert und gehen dabei in die weglaufenden Wellen (1.10) über.

Wir denken uns nun die Leitfähigkeit der Deckflächen des Zylinders verringert, so daß deren Reflexionsvermögen r (Verhältnis von reflektierter zu einfallender Energie) kleiner als Eins wird. Die Folge davon ist offenbar eine zeitliche Dämpfung der Eigenschwingungen, dagegen wird sich ihre räumliche Struktur nur geringfügig ändern.

Uns interessieren speziell die Reflexionsverluste solcher Eigenschwingungen, bei denen die Richtung des Wellenzahlvektors $\boldsymbol{k}$ nicht sehr von der z-Richtung, also der Richtung der Resonatorachse, abweicht. Zu einer ersten Orientierung reicht die Betrachtungsweise der geometrischen Optik aus, d. h., wir können uns das elektromagnetische Feld einer Eigenschwingung aus einzelnen — durch Reflexion(en) an den Seitenwänden eventuell „geknickten" — Licht*strahlen* zusammengesetzt denken, die jeweils von der einen zur anderen Deckfläche verlaufen (s. Abb. 4). (Die Richtungen der Strahlen bzw.

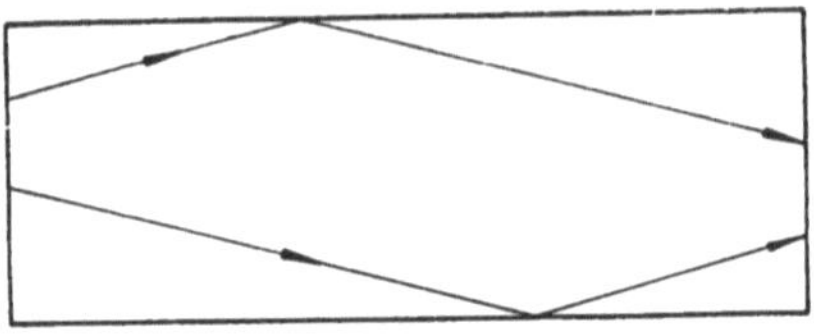

Abb. 4. Zusammensetzung einer Resonatoreigenschwingung aus einzelnen Lichtstrahlen. Gezeichnet sind zwei typische, von der linken Deckfläche ausgehende Strahlen

ihrer geradlinigen Teilstücke stimmen natürlich jeweils mit der Richtung eines der Wellenzahlvektoren (1.10) oder einer der entsprechenden umgekehrten Richtungen überein, je nachdem, von welcher der beiden Deckflächen die Strahlen ausgehen.) Der Energieverlust, den ein solcher Strahl infolge Reflexion an einer der Deckflächen erleidet, läßt sich nun leicht abschätzen: Offenbar wird in der Zeit, die das Licht braucht, um (auf dem durch den betreffenden Strahlengang gekennzeichneten Wege) von der einen Deckfläche zur anderen zu gelangen, die gesamte im Strahl enthaltene Energie U_S an der Deckfläche, auf die der Strahl zuläuft, reflektiert und damit um den Betrag $(1 - r) U_S$ verringert. Die genannte Zeit ist im Fall einer Eigenschwingung, bei der sich, wie vorausgesetzt, die $\boldsymbol{k}$-Richtung nicht wesentlich von der z-Richtung unterscheidet, in guter Näherung einfach gleich L/c, und da alle Strahlen, aus denen sich das Feld der Eigenschwingung aufbaut, in gleicher Weise geschwächt werden, ist die Änderung der Gesamtenergie U der Eigenschwingung pro Zeiteinheit (näherungsweise) durch

$$\frac{dU}{dt} = -\frac{c}{L}(1 - r)\,U \tag{1.11}$$

gegeben. Daraus folgt durch Integration sofort

$$U(t) = U_0 e^{-\frac{c}{L}(1-r)t} \qquad \text{mit} \qquad U_0 = U(t=0)\,. \quad (1.12)$$

Nach der Zeit

$$\tau = \frac{L}{(1-r)\,c} \quad (1.13)$$

ist somit die Energie der Eigenschwingung auf den e-ten Teil abgeklungen, und wir können daher τ als mittlere „Lebensdauer" (genauer, Aufenthaltsdauer im Resonator) eines zu der betreffenden Eigenschwingung gehörigen Photons auffassen.

Die Durchlässigkeit des Resonators hat also zur Folge, daß das Feld im Innern des Resonators nur für Zeiten $t \lesssim \tau$ von Interesse ist, wenn wir uns den fiktiven „Eingriff" am Resonator, bei dem die Leitfähigkeit der Deckflächen auf einen endlichen Wert reduziert wird, zur Zeit $t = 0$ ausgeführt denken. Für größere Zeiten ist dann praktisch gar kein Feld mehr im Resonator vorhanden.

Verfolgen wir nun das Schicksal eines Lichtstrahls während der Zeit τ! In unserer groben Betrachtung können wir uns dabei auf solche Strahlen beschränken, die zur Zeit $t = 0$ von der Mitte einer der Deckflächen ausgehen, und diese Strahlen als Repräsentanten der betreffenden (räumlich ausgedehnten!) ebenen Wellen ansehen. Bei kleinen Werten von $d = 1 - r$ finden dann auf alle Fälle viele Reflexionen an den Deckflächen statt, und je nach der Größe von r und der Abweichung der $\boldsymbol{k}$-Richtung von der z-Richtung gibt es die beiden Möglichkeiten

a) es kommen dabei auch Reflexionen an den Seitenwänden vor, und
b) der Strahlengang trifft nicht auf die Seitenwände (s. Abb. 5).

Der letztere Fall ist physikalisch der interessantere. Hier spielen offenbar die Seitenwände des Resonators gar keine Rolle, d. h., wir können sie uns (im Gegensatz zum Fall a!) ebensogut entfernt denken – und damit zu

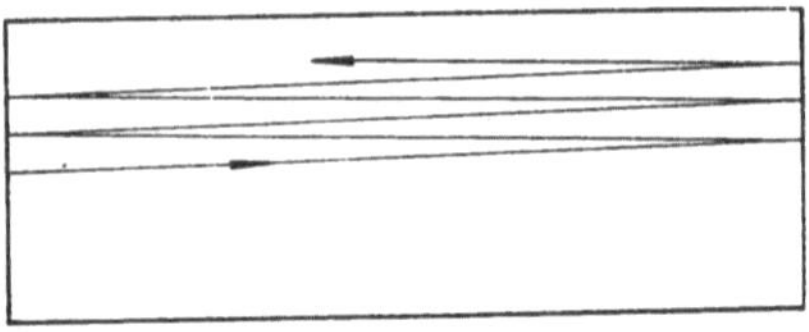

Abb. 5. Weg eines von der Mitte einer Deckfläche ausgehenden Strahls. Der dargestellte Strahl trifft während der Lebensdauer der Eigenschwingung nicht auf die Seitenwände

einem offenen Resonator übergehen –, ohne daß der Verlauf des Strahls (während der Zeit τ) beeinflußt wird. Wir kommen somit durch unsere heuristischen Betrachtungen zu der Vermutung, daß sich diejenigen Eigenschwingungen eines geschlossenen Resonators mit ideal reflektierenden Wänden, bei denen die Richtung des zugehörigen Wellenzahlvektors näherungsweise mit der Resonatorachse zusammenfällt, in ihrer räumlichen Struktur nicht allzusehr von denen des entsprechenden offenen Resonators mit schwach lichtdurchlässigen Spiegeln unterscheiden; im besonderen erwarten wir, daß in diesem Fall die Formel (1.8) für die Eigenfrequenzen auch für den offenen Resonator (näherungsweise jedenfalls) gültig ist.

Im Fall a dagegen verläßt der Lichtstrahl – nach Entfernung der Seitenwände – vorzeitig den Resonator, so daß die betreffende Eigenschwingung stark gedämpft wird. Im Laserbetrieb werden sich daher nur solche Eigenschwingungen ausbilden, die dem Fall b entsprechen.

Wir wollen nun noch die mit dem Fall b verbundene Einschränkung für die Richtung des Wellenzahlvektors $\boldsymbol{k}$ etwas näher präzisieren.

Zunächst lauten nach (1.6) die zum Wellenzahlvektor $\boldsymbol{k}$ gehörigen Richtungskosinusse in der Näherung $|k_x|, |k_y| \ll |k_z| = k_z$

$$\cos(\boldsymbol{k}, x) \approx \frac{k_x}{k_z} = \frac{n_x}{n_z}\frac{L}{a},$$

$$\cos(\boldsymbol{k}, y) \approx \frac{k_y}{k_z} = \frac{n_y}{n_z}\frac{L}{a},$$

$$\cos(\boldsymbol{k}, z) \approx 1. \tag{1.14}$$

Nach (1.8) gilt in unserem Fall für die Wellenlänge der Eigenschwingungen

$$\lambda = \frac{2\pi c}{\omega} \approx \frac{2L}{n_z}, \tag{1.15}$$

so daß wir für $\cos(\boldsymbol{k}, x)$ und $\cos(\boldsymbol{k}, y)$ näherungsweise schreiben können

$$\cos(\boldsymbol{k}, x) = n_x \frac{\lambda}{2a},$$

$$\cos(\boldsymbol{k}, y) = n_y \frac{\lambda}{2a}. \tag{1.16}$$

Wenn wir $|\cos(\boldsymbol{k}, x)|$ und $|\cos(\boldsymbol{k}, y)|$ als so klein voraussetzen, daß der durch $\boldsymbol{k}$ gekennzeichnete Strahl auf seinem Wege von der Deckfläche $z = 0$ zur gegenüberliegenden Deckfläche die Seitenwände nicht trifft, so „verrutscht" der Strahl also bei einem solchen Durchgang durch den Resonator um

$$\Delta x \approx \cos(\boldsymbol{k}, x) \cdot L \approx n_x \frac{\lambda L}{2a} \tag{1.17}$$

in x-Richtung und entsprechend um

$$\Delta y \approx \cos(\boldsymbol{k}, y) \cdot L \approx n_y \frac{\lambda L}{2a} \tag{1.18}$$

in y-Richtung. Die analogen Formeln gelten für die übrigen von den beiden Deckflächen ausgehenden Strahlen. Es wird dann offenbar nur das Vorzeichen von Δx oder (und) Δy geändert, so daß sowohl Δx als auch Δy für alle diese Strahlen betragsmäßig jeweils gleich ist.

Nun finden in der Zeit τ ja $\tau c/L$ solche Durchgänge statt, d. h., ein anfänglich vom Mittelpunkt einer Deckfläche ausgehender Strahl weicht zur Zeit τ, wenn wir noch (1.13) beachten, in x-Richtung betragsmäßig um

$$|(\Delta x)_\tau| = |\Delta x| \frac{\tau c}{L} = |n_x| \frac{\lambda}{2a} \frac{L}{1-r} \tag{1.19}$$

von der Resonatorachse ab, und die entsprechende Abweichung in y-Richtung beträgt

$$|(\Delta y)_\tau| = |\Delta y| \frac{\tau c}{L} = |n_y| \frac{\lambda}{2a} \frac{L}{1-r}. \tag{1.20}$$

Damit ist klar, unter welchen Bedingungen der (für die Lasereigenschwingungen charakteristische) obige Fall b vorliegt, nämlich dann, wenn

$$|(\Delta x)_\tau| < \frac{a}{2} \quad \text{und} \quad |(\Delta y)_\tau| < \frac{a}{2} \tag{1.21}$$

gilt, was mit dem Bestehen der Ungleichungen

$$|n_x| < \frac{a^2(1-r)}{\lambda L} \quad \text{und} \quad |n_y| < \frac{a^2(1-r)}{\lambda L} \tag{1.22}$$

gleichbedeutend ist.

Setzen wir hier den tatsächlichen Verhältnissen entsprechende Zahlenwerte ein, etwa $r = 0{,}98$, $a = 0{,}5$ cm, $L = 10$ cm, $\lambda = 10^{-4}$ cm, so lautet die Abschätzung (1.22) einfach $|n_x|, |n_y| < 5$.

Andererseits lehrt die Formel (1.8) für die Eigenfrequenzen, daß die Frequenz in unserem Fall hauptsächlich durch den Wert von n_z festgelegt ist; durch Entwicklung der Wurzel in (1.8) erhält man ja

$$\omega = \pi c \frac{n_z}{L}\left\{1 + \frac{1}{2}\left(\frac{n_x}{n_z}\frac{L}{a}\right)^2 + \frac{1}{2}\left(\frac{n_y}{n_z}\frac{L}{a}\right)^2 + \cdots\right\}, \quad (1.23)$$

woraus ersichtlich ist, daß die zu gleichem n_z, aber verschiedenen Werten n_x, n_y gehörigen Eigenschwingungen praktisch entartet sind.

Nach (1.23) ist der Frequenzabstand für zwei Eigenschwingungen, die sich in n_z um Eins unterscheiden, $\Delta\nu \approx c/(2L) \approx 10^9$ Hz (für $L = 10$ cm). Da die Linienbreite der spontan emittierten Strahlung etwa von derselben Größenordnung ist, stehen also für den Laserbetrieb — bei Verwendung eines offenen Resonators — nur einige wenige Frequenzen zur Verfügung, wobei es zu jeder dieser Frequenzen gemäß der obigen Abschätzung für $|n_x|$ und $|n_y|$ noch verschiedene Eigenschwingungen mit hinreichend kleinen Verlusten gibt. Die Gesamtzahl der Eigenschwingungen, die sich beim Anlaufen des Lasers aufschaukeln können, ist außerordentlich klein im Vergleich zu der Zahl ΔZ von Eigenschwingungen, die bei dem ursprünglich betrachteten geschlossenen Resonator mit unendlich gut leitenden Wänden durch spontane Emission angeregt werden können. (In Analogie zur Herleitung von (2.31), Kapitel 1, ergibt sich die Zahl von Resonatoreigenschwingungen mit einer im Intervall $\nu \cdots \nu + \Delta\nu$ liegenden Frequenz — nach Summation über die beiden Polarisationsmöglichkeiten und Integration über die Richtung des Wellenzahlvektors — zu

$$\Delta Z = 8\pi L a^2 \frac{\nu^2}{c^3} \Delta\nu,$$

was mit den obigen Zahlenwerten und $\Delta\nu \approx 10^9$ Hz ungefähr $\Delta Z = 2 \cdot 10^8$ liefert.)

Damit haben wir die große Rolle des offenen Resonators für den Laser deutlich gemacht. Unsere bisherigen Überlegungen sind jedoch nur als eine erste, grobe Orientierung anzusehen. Wir haben ja im besonderen von dem Wellencharakter der Strahlung weitgehend abgesehen und die Beugungsverluste, welche die durch (1.22) gekennzeichneten Eigenschwingungen an den Spiegelrändern erfahren, überhaupt nicht berücksichtigt. Durch die Größe gerade dieser Verluste unterscheiden sich aber die einzelnen (zum gleichen Wert von n_z gehörigen) Eigenschwingungen des offenen Resonators. Im folgenden Abschnitt wollen wir uns deshalb mit dem Problem der expliziten Berechnung der Beugungsverluste von Eigenschwingungen näher beschäftigen.

2.2. Strenge Formulierung des Eigenwertproblems

Offenbar bedarf im Fall eines offenen Resonators mit schwach lichtdurchlässigen Spiegeln zunächst der Begriff der Eigenschwingung einer Klärung, denn das im Innern des Resonators vorhandene Feld verliert ja (infolge Reflexion mit $r < 1$ und Beugung der Wellen an den Spiegeln) ständig Energie, so daß ein stationärer Zustand entsprechend Gl. (1.4) nicht möglich ist.

Zu einer sinnvollen Verallgemeinerung der Definition einer Eigenschwingung gelangt man nun durch Anwendung des HUYGENSschen Prinzips. Wir betrachten einen offenen Resonator mit zwei in Form und Beschaffenheit gleichartigen, symmetrisch angeordneten Spiegeln. (Es braucht sich dabei nicht notwendig um ebene Spiegel zu handeln; außerdem lassen wir die Gestalt der Spiegel noch offen.) Nach der bekannten KIRCHHOFFschen Formel, die ja das HUYGENSsche Prinzip mathematisch zum Ausdruck bringt, können wir nun aus der — als gegeben angesehenen — elektromagnetischen Erregung auf der einen Spiegeloberfläche S' die Erregung auf der gegenüberliegenden Spiegeloberfläche S ausrechnen. Wir setzen dabei das elektromagnetische

Feld als linear polarisiert voraus, so daß wir es durch eine skalare Funktion beschreiben und die skalare Formulierung des HUYGENSschen Prinzips verwenden können. Explizit ergibt sich für die Erregung v_P in einem Punkte P auf S, wenn wir die lineare Ausdehnung der Spiegel als hinreichend klein im Verhältnis zum Spiegelabstand und die eventuell vorhandene Krümmung der Spiegeloberflächen als genügend schwach voraussetzen, so daß die Abweichung der von einem beliebigen Punkt Q der Spiegeloberfläche S' ausgehenden und auf den gegenüberliegenden Spiegel treffenden Strahlen von der Normalenrichtung in Q vernachlässigbar ist (und der Kosinus des entsprechenden Winkels somit durch den Wert Eins ersetzt werden kann),

$$v_P = -\frac{i}{\lambda}\int v_Q \frac{e^{ikr}}{r}\, df, \qquad (2.1)$$

wobei λ die Wellenlänge des Lichtes, $k = 2\pi/\lambda$ den Betrag des Wellenzahlvektors, r den Abstand zwischen den Punkten P und Q bezeichne und die Integration über die gesamte Spiegeloberfläche S' zu erstrecken ist (s. Abb. 6).

Denken wir uns das Koordinatensystem wie im vorhergehenden Abschnitt so gelegt, daß die Resonatorachse mit der z-Achse zusammenfällt, so können wir Q und P

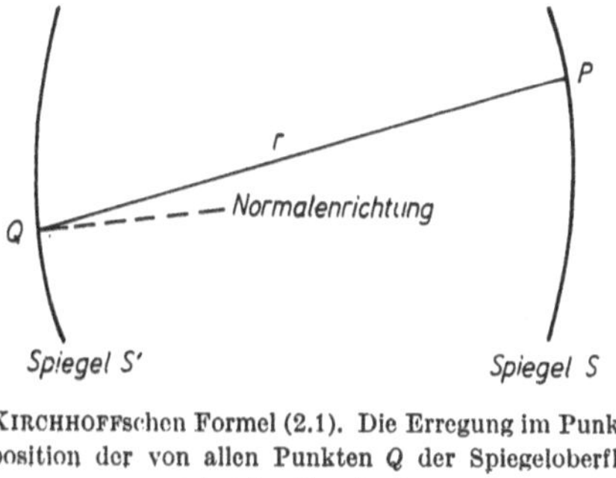

Abb. 6. Zur KIRCHHOFFschen Formel (2.1). Die Erregung im Punkte P entsteht durch Superposition der von allen Punkten Q der Spiegeloberfläche S' ausgehenden Kugelwellen

durch die Angabe der x- und y-Koordinaten kennzeichnen und schreiben

$$v_Q = v(x', y'), \qquad v_P = v^{(1)}(x, y). \tag{2.2}$$

Durch fortgesetzte Anwendung von Formel (2.1) kann man nun die sukzessive Änderung der Feldverteilung auf den Spiegeloberflächen berechnen, die offenbar als Ergebnis der entsprechenden Durchgänge des Lichtes durch den Resonator aufzufassen ist, wenn man von den (durch die partielle Durchlässigkeit der Spiegel bedingten) Reflexionsverlusten absieht. Die letzteren geben, da durch sie die relative Feldverteilung auf den Spiegeln nicht geändert wird, nur Anlaß zu einem Dämpfungsfaktor μ (mit $0 < \mu < 1$) auf der rechten Seite von Gl. (2.1). Für die folgenden Betrachtungen können wir jedoch die Reflexionsverluste zunächst einmal außer acht lassen.

Nun würden wir von einer stationären Eigenschwingung dann sprechen, wenn sich die auf einer der Spiegeloberflächen vorliegende Feldverteilung nach zwei aufeinanderfolgenden Durchgängen genau reproduziert. Das kann aber nicht sein, da die Amplitude des Feldes bei jedem Durchgang infolge der Beugungsverluste, die an den Spiegelrändern auftreten, verkleinert wird. Was man daher nur fordern kann, ist die Erhaltung der *relativen* Feldverteilung bei zwei Durchgängen. Wegen der symmetrischen Anordnung der beiden Spiegel genügt es dabei, einen einzigen Durchgang zu betrachten und zu verlangen, daß sich die entsprechenden Erregungen auf den beiden Spiegeln nur durch einen reellen Faktor unterscheiden

$$v^{(1)}(x, y) = \gamma v(x, y) \qquad (\gamma \text{ reell}), \tag{2.3}$$

wobei γ wegen der Beugungsverluste betragsmäßig kleiner als Eins sein muß. (Ein negatives Vorzeichen ist zulässig, weil es ja bei dem folgenden Durchgang wieder kompensiert wird.)

Gemäß (2.1) und (2.2) stellt die Beziehung (2.3) eine Integralgleichung, nämlich

$$\gamma v(x, y) = -\frac{i}{\lambda} \int v(x', y') \frac{e^{ikr}}{r} \, df \tag{2.4}$$

mit

$$r^2 = (x' - x)^2 + (y' - y)^2 + (z' - z)^2 \tag{2.5}$$

dar, die wir somit als Definitionsgleichung für die Eigenschwingungen eines offenen Resonators ansehen.

Wie schon erwähnt, enthält Gl. (2.4) die Reflexionsverluste noch nicht. Da sich aber deren Einfluß nur in einer — für alle Punkte auf einer Spiegeloberfläche gleichen — Verkleinerung der Feldamplituden äußert, spielen sie für die räumliche Struktur der Eigenschwingungen keine Rolle. Letztere ist vielmehr schon durch (2.4) festgelegt, und man hat lediglich die Reflexionsverluste zu den (aus der betragsmäßigen Abweichung der Eigenwerte γ vom Wert Eins folgenden) Beugungsverlusten zu addieren, um die für den Laserbetrieb bedeutsamen Gesamtverluste der einzelnen Eigenschwingungen zu erhalten.

Zweckmäßigerweise geht man so vor, daß man zunächst die Werte für den Spiegelabstand und die Wellenlänge des Lichtes unabhängig voneinander wählt und die Integralgleichung (2.4) löst. Dabei zeigt sich, daß der Eigenwert im allgemeinen nicht — wie gefordert — reell, sondern komplex ist. Die Phase ϑ von γ $(= |\gamma| \exp\{i\vartheta\})$ hängt dabei vom Verhältnis des Abstandes zur Wellenlänge ab, und man kann über die Wellenlänge nachträglich so verfügen, daß ϑ den Wert $n\pi$ (n ganz) annimmt (Erfüllung der Resonanzbedingung), und auf diese Weise die Wellenlängen der Eigenschwingungen (aus denen sich sofort das Spektrum der Eigenfrequenzen ergibt) berechnen. Die explizite Gestalt der Lösung v selbst ist unabhängig von der Resonanzbedingung.

Wir wollen nun das Eigenwertproblem (2.4) speziell für den Fall rechteckiger ebener Spiegel (von dem wir uns im vorhergehenden Abschnitt schon ein heuristisches Bild gemacht haben) noch etwas näher diskutieren.

Seien L der Spiegelabstand, a und b die Länge der Spiegelkanten, die wir uns in die x- bzw. y-Richtung gelegt denken, so ergibt sich zunächst für den Abstand r zwischen dem Integrations- und dem Aufpunkt (Gl. 2.5)) die Darstellung

$$r^2 = L^2 \left[1 + \left(\frac{x' - x}{L}\right)^2 + \left(\frac{y' - y}{L}\right)^2\right], \qquad (2.6)$$

woraus unter der Voraussetzung $a, b \ll L$ näherungsweise folgt

$$r \approx L + \frac{1}{2} \frac{(x' - x)^2}{L} + \frac{1}{2} \frac{(y' - y)^2}{L}. \qquad (2.7)$$

Wir können daher den Faktor $\exp\{ikr\}/r$ in (2.4) in guter Näherung ersetzen durch

$$\frac{e^{ikr}}{r} \approx \frac{e^{ikL}}{L} e^{ik\frac{(x'-x)^2}{2L}} e^{ik\frac{(y'-y)^2}{2L}}. \qquad (2.8)$$

Damit zerfällt der Kern der Integralgleichung in das Produkt eines nur von x, x' und eines nur von y, y' abhängenden Faktors, so daß wir die Integralgleichung durch Separation

$$v(x, y) = f(x)\, g(y) \qquad (2.9)$$

lösen können, wobei $f(x)$ und $g(y)$ den Integralgleichungen

$$\gamma_x f(x) = \int\limits_{-\frac{a}{2}}^{\frac{a}{2}} f(x') \frac{e^{-i\frac{\pi}{4}}}{\sqrt{\lambda L}} e^{ik\frac{(x'-x)^2}{2L}} dx', \qquad (2.10)$$

$$\gamma_y g(y) = \int\limits_{-\frac{b}{2}}^{\frac{b}{2}} g(y') \frac{e^{-i\frac{\pi}{4}}}{\sqrt{\lambda L}} e^{ik\frac{(y'-y)^2}{2L}} dy' \qquad (2.11)$$

genügen und der Eigenwert γ in (2.4) durch die Beziehung

$$\gamma = e^{ikL} \gamma_x \gamma_y \qquad (2.12)$$

mit γ_x und γ_y verknüpft ist.

Der hierbei auftretende Faktor $\exp\{ikL\} = \exp\{2\pi i L/\lambda\}$ bringt explizit die oben erwähnte Möglichkeit zum Ausdruck, durch geeignete Verfügung über die Wellenlänge λ die Resonanzbedingung (γ reell) zu erfüllen. (γ_x und γ_y sind, wie unten näher ausgeführt, unempfindlich gegenüber kleinen Änderungen von λ.) Offenbar gibt es zu jedem Schwingungstyp, ausgedrückt durch $v(x, y)$, sehr viele erlaubte Wellenlängen und damit auch Frequenzen.

Aber selbst die eindimensionalen Integralgleichungen (2.10) und (2.11) lassen sich nicht analytisch lösen, und man ist auf numerische Rechnungen angewiesen, wie sie erstmalig von Fox und Li [21] in großem Umfange (auch für andere Resonatorformen) durchgeführt wurden. Auf die dabei verwendete Methode und die erhaltenen Resultate wollen wir im nächsten Abschnitt etwas näher eingehen.

2.3. Ergebnisse numerischer Rechnungen

Das von Fox und Li benutzte Näherungsverfahren zur Lösung einer Integralgleichung vom Typ (2.10) läßt sich anschaulich leicht interpretieren: Man verfolgt auf rechnerischem Wege die sukzessive Herausbildung einer — bezüglich der relativen Feldverteilung — stationären

Schwingungsform des elektromagnetischen Feldes, indem man von einer willkürlich angenommenen Feldverteilung auf einem der Spiegel (die — entsprechend der Reduktion auf ein eindimensionales Problem — im Formalismus einfach durch Linien repräsentiert werden) ausgeht und die Maschine gemäß der Formel

$$f^{(q+1)}(x) = \int_{-\frac{a}{2}}^{\frac{a}{2}} f^{(q)}(x') \frac{e^{-i\frac{\pi}{4}}}{\sqrt{\lambda L}} e^{ik\frac{(x'-x)^2}{2L}} dx' \qquad (3.1)$$

$$(q = 0, 1, 2, \ldots)$$

so viele Durchgänge durch den Resonator durchrechnen läßt, bis sich die Feldverteilung beim nächsten Schritt bis auf einen Faktor reproduziert, so daß also (2.10) erfüllt ist. Die Eigenschwingung mit den kleinsten Beugungsverlusten ergab sich so nach etwa 300 (gerechneten) Durchgängen, wobei die Ausgangsverteilung als konstant angesetzt wurde. Die Feldverteilung der resultierenden Eigenschwingung ist dann genau wie die Ausgangsverteilung symmetrisch bezüglich der Mitte der Spiegel„linie". Gemäß (2.9) wird die gesamte Feldverteilung auf den rechteckigen Spiegeln durch das Produkt zweier solcher Lösungen der eindimensionalen Integralgleichung wiedergegeben. Wir bemerken, daß sich die Integralgleichung (2.10) allein auch schon direkt physikalisch interpretieren läßt: Sie entspricht, wie eine einfache Rechnung [21] zeigt dem Problem zweier in y-Richtung unendlich ausgedehnter Spiegel, also unendlich langer reflektierender Streifen der Breite a.

Eine Eigenschwingung mit größeren Beugungsverlusten wurde erhalten, indem man von einer schiefsymmetrischen Verteilung ausging. Der schiefsymmetrische Charakter der Ausgangsverteilung überträgt sich dabei natürlich auf die daraus hervorgehende Eigenschwingung.

Wir wollen nun die von Fox und Li [21] mitgeteilten numerischen Resultate etwas näher betrachten. Substituiert man in Gl. (2.10) $\xi = 2x/a$, $\xi' = 2x'/a$, so erkennt man zunächst, daß die Ergebnisse nicht einzeln von den jeweiligen Resonatordimensionen und der Wellenlänge, sondern nur von der Kombination

$$N = \frac{a^2}{4\lambda L} \tag{3.2}$$

abhängen. Dieser Sachverhalt ist schon auf Grund der heuristischen Überlegungen in Abschn. 2.1 verständlich, da für die dort aufgestellte Bedingung (1.22) für die Existenz von Eigenschwingungen bei einem offenen Resonator mit quadratischen Spiegeln offenbar das gleiche gilt. Wir können somit ein „Ähnlichkeitsprinzip" formulieren: Eine gleichmäßige Vergrößerung oder Verkleinerung der Resonatordimensionen sowie der Wellenlänge des Lichtes läßt die räumliche Struktur des elektromagnetischen Feldes der betreffenden Eigenschwingung — und damit auch die Beugungsverluste und die Phasenverschiebung (s. u.) — ungeändert. Der Größe N läßt sich übrigens eine direkte physikalische Bedeutung zuschreiben; sie stellt näherungsweise die Zahl der Fresnelschen Zonen dar, die man auf einem der Spiegel vom Mittelpunkt des gegenüberliegenden Spiegels aus sieht.

In Abb. 7 ist die relative Feldverteilung für die oben erwähnte symmetrische Eigenschwingung für verschiedene N graphisch dargestellt. In den folgenden Abbildungen 8 und 9 findet man die Werte der Beugungsverluste und der (durch die negative Phase α des Eigenwertes $\gamma_x = |\gamma_x| \exp_0\{-i\alpha\}$ in (2.10) gegebenen) Phasenverschiebung, die angibt, um wieviel die Phase — im Vergleich zur Ausbreitung im freien Raum — bei einem Durchgang vorauseilt (s. Gl. (2.12)). Man erkennt deutlich das Abklingen des Feldverlaufs in Richtung auf den Spiegelrand. Die relativ kleinen Beugungsverluste werden damit sofort verständlich, da für letztere ja die Intensität des Feldes in Randnähe entscheidend ist. Die Rechnungen zeigen auch, daß bei der obengenannten schiefsymmetrischen

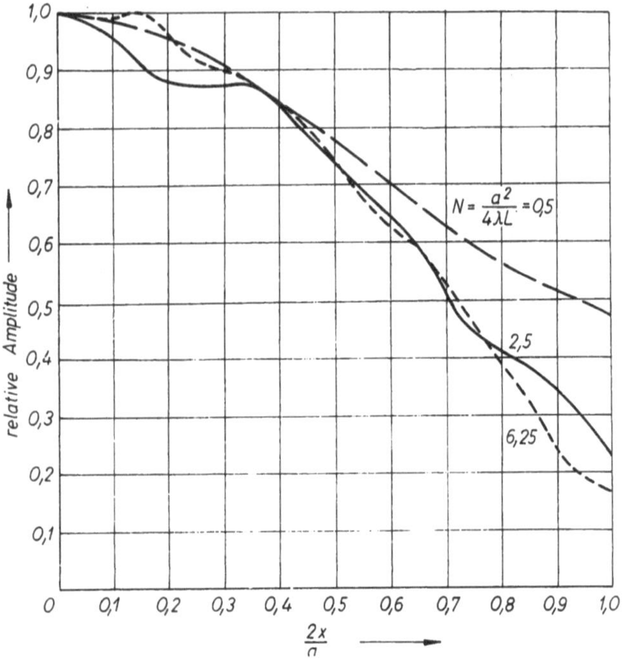

Abb. 7. Relative Feldamplitude $f(x)/f(0)$ der am schwächsten gedämpften (verlustärmsten) Eigenschwingung in einem aus zwei unendlich langen reflektierenden Streifen bestehenden Resonator. $f(x)$ ist symmetrisch bezüglich $x = 0$ (nach [21])

Eigenschwingung mit größeren Beugungsverlusten die relative Feldamplitude auf dem Spiegelrand größer ist als bei der symmetrischen Eigenschwingung mit den kleinsten Beugungsverlusten.

Man sieht in den Abbn. 7 und 8 auch deutlich die Parallele zwischen kleiner werdenden Feldamplituden auf dem Spiegelrand und abnehmenden Beugungsverlusten bei Vergrößerung von N.

Die genannte Abhängigkeit der Beugungsverluste von N selbst ist nicht überraschend, wenn wir noch einmal auf die heuristische Behandlung in Abschn. 2.1 zurück-

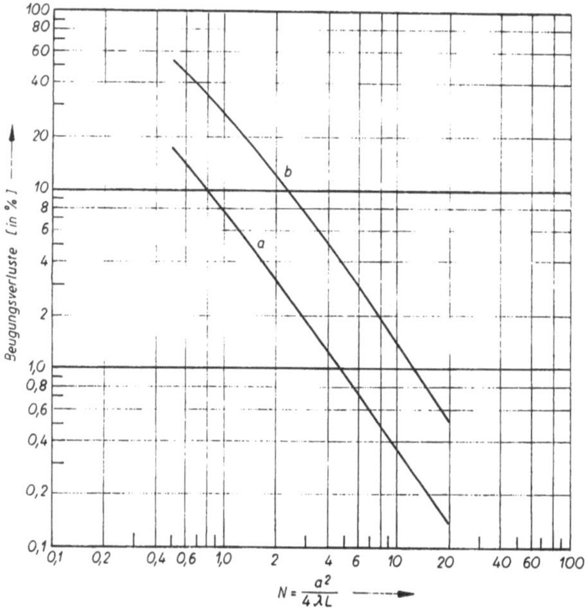

Abb. 8. Beugungsverluste pro Durchgang für die jeweils am wenigsten gedämpfte symmetrische (a) und schiefsymmetrische (b) Eigenschwingung in einem 2-Streifen-Resonator (nach [21])

greifen. Die dortige Ungleichung (1.22) ist ja, wenn wir eine bestimmte Eigenschwingung mit (betragsmäßig) kleinen Werten von n_x und n_y ins Auge fassen, um so besser erfüllt, je größer N ist.

Allerdings weichen die Eigenschwingungen (1.5) eines geschlossenen Resonators in ihrer räumlichen Struktur doch beträchtlich von denen des entsprechenden offenen Resonators ab. Es treten ja (mathematisch bedingt durch die Kosinusfaktoren in den ersten beiden Gleichungen von (1.5)) bei den erstgenannten, wenn wir die elek-

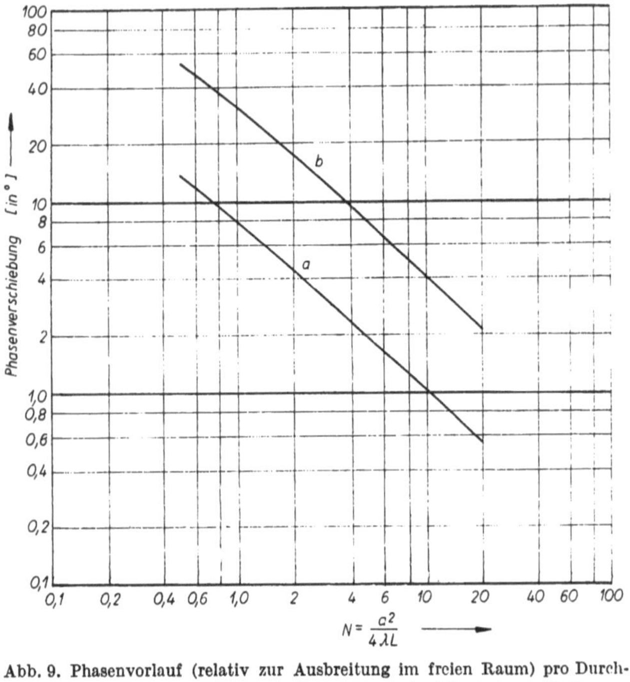

Abb. 9. Phasenvorlauf (relativ zur Ausbreitung im freien Raum) pro Durchgang für die gleichen Eigenschwingungen wie in Abb. 8 (nach [21])

trische Feldstärke etwa in einer im Abstand $\lambda/4$ vor einer der Deckflächen befindlichen Ebene betrachten, durchaus auch in der Nähe der Spiegelberandung Maxima der Feldverteilung auf, während für die Eigenschwingungen von offenen Resonatoren nach dem Obigen gerade relativ kleine Feldamplituden auf den Spiegelrändern charakteristisch sind.

Aus Abb. 9 ist weiterhin ersichtlich, daß für große Werte von N (und solche liegen in praktischen Fällen vor; für die in Abschn. 2.1. angegebenen Zahlenwerte ist beispielsweise $N = 62{,}5$) die Phasenverschiebung sehr

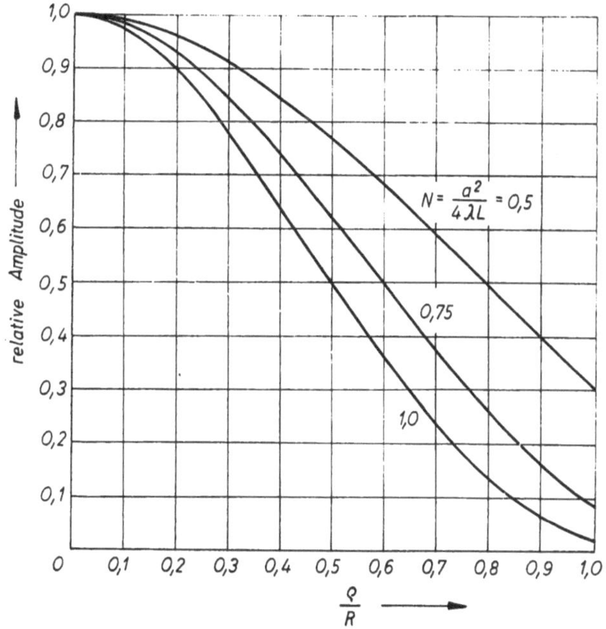

Abb. 10. Relative Feldamplitude $f(\varrho)/f(0)$ der am schwächsten gedämpften Eigenschwingung im Fall konfokaler sphärischer Spiegel (ϱ Abstand von der Resonatorachse, $\varrho = R$ Spiegelrand) (nach [21])

klein ist. Letztere gibt daher bei der Berechnung der Eigenfrequenzen aus der obengenannten Resonanzbedingung nur Anlaß zu einer (optisch nicht mehr auflösbaren) Feinstruktur der im Abstand $\Delta\nu = c/(2L)$ befindlichen Linien. Eine eingehendere Untersuchung zeigt, daß das genaue Frequenzspektrum — für $N \gg 1$ — praktisch mit dem des geschlossenen Resonators (Gl. (1.23)) übereinstimmt.

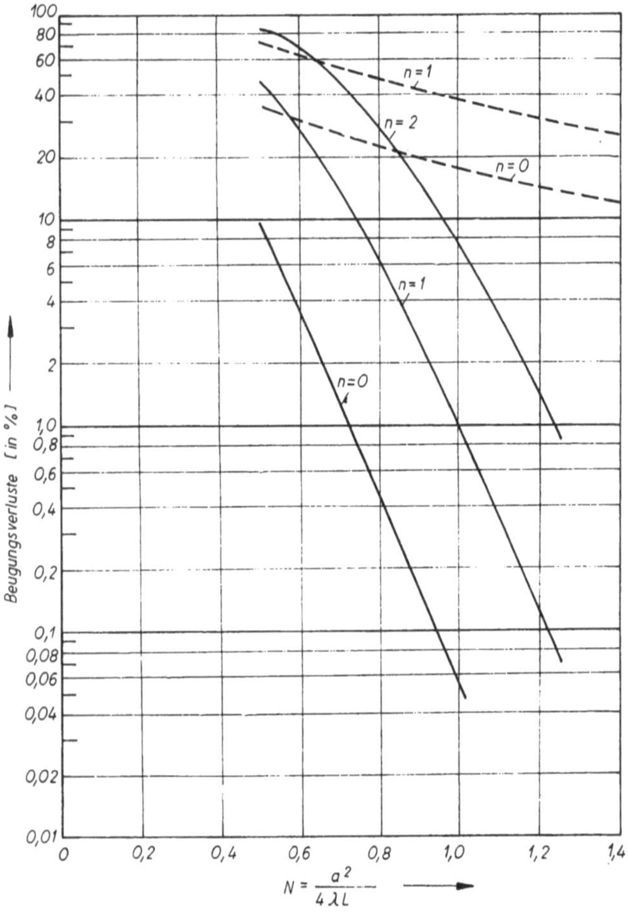

Abb. 11. Beugungsverluste pro Durchgang im Fall konfokaler sphärischer Spiegel. Die ausgezogenen Kurven beziehen sich auf die jeweils am wenigsten gedämpften Eigenschwingungen mit verschiedener Winkelabhängigkeit $\exp\{in\varphi\}$ ($n = 0,1,2$) des Feldverlaufs. Zum Vergleich sind die entsprechenden Kurven für den Fall kreisförmiger ebener Spiegel gestrichelt eingezeichnet (nach [21])

Eine beträchtliche Verminderung der Beugungsverluste läßt sich dadurch erreichen, daß man an Stelle von ebenen Spiegeln sphärische verwendet. Dabei kommt also die fokussierende Wirkung der Spiegelkrümmung vorteilhaft zur Geltung. Abb. 10 zeigt den Feldverlauf für die Eigenschwingung mit den geringsten Beugungsverlusten für den Fall konfokaler sphärischer Spiegel mit kreisförmiger Berandung, und in Abb. 11 sind die expliziten Werte der Beugungsverluste für diesen Schwingungstyp sowie zwei andere Eigenschwingungen dargestellt.

Wir erwähnen zum Schluß noch, daß für eine spezielle Berandung der konfokalen sphärischen Spiegel eine analytische Lösung der zugehörigen Integralgleichung gefunden werden kann. Es handelt sich dabei um solche Spiegel, die durch die Ebenen $x = \pm a/2$, $y = \pm a/2$ aus einer Kugelschale ausgeschnitten werden (wobei wir — wie bisher immer — annehmen, daß die z-Achse mit der Resonatorachse zusammenfällt). Man kann dann wie im Fall rechteckiger ebener Spiegel eine Separation der Variablen gemäß (2.9) durchführen und erhält als Lösung für $f(x)$ — und entsprechend natürlich genauso für $g(y)$ — Sphäroidfunktionen, die sich näherungsweise darstellen lassen als

$$f_m(x) \approx H_m\left(\sqrt{\frac{2\pi}{\lambda L}}\,x\right) e^{-\frac{\pi x^2}{\lambda L}} \quad (m = 0, 1, 2, \ldots) \qquad (3.3)$$

mit H_m als Hermiteschem Polynom [8].

Für $m = 0$ haben wir so einfach eine Gauss-förmige Feldverteilung, die also im besonderen symmetrisch ist. Für größere m-Werte treten (entsprechend den Nullstellen von H_m) im Feldverlauf Knoten auf. Für $m = 1$ liegt der Knoten in der Mitte ($x = 0$), und die Feldverteilung ist dementsprechend schiefsymmetrisch; für $m = 2$ wird sie wieder symmetrisch usw., was mit den oben geschilderten Verhältnissen bei rechteckigen ebenen Spiegeln übereinstimmt.

Gl. (3.3) liefert weiterhin eine explizite Bestätigung für die oben gemachte Behauptung, daß der relative Feldverlauf nur von dem Parameter N abhängt. Die genannte Gleichung kann ja unter Berücksichtigung von (3.2) einfach umgeschrieben werden in

$$f_m(x) \approx H_m\left(\sqrt{2\pi N}\,\frac{2x}{a}\right) e^{-\pi N\left(\frac{2x}{a}\right)^2}. \tag{3.4}$$

Die Exponentialfunktion in (3.3) bzw. (3.4) bringt (ebenfalls im Einklang mit den oben angeführten Resultaten der numerischen Rechnungen) analytisch das — mit wachsendem N immer stärker ausgeprägte — Abklingen des Feldverlaufs bei Annäherung an die Spiegelränder zum Ausdruck.

Damit haben wir ein Bild bekommen von der räumlichen Struktur der elektromagnetischen Felder, die sich in einem Laser ausbilden können. Im folgenden wenden wir uns nun der Kinematik des Lasers zu.

3. Bilanzgleichungen für den Laserprozeß

3.1. Aufstellung der Gleichungen

Die mathematisch einfachste Möglichkeit einer quantitativen Beschreibung des Lasers beruht auf der Konzeption von (zeitunabhängigen) Übergangswahrscheinlichkeiten pro Zeiteinheit für die verschiedenen Prozesse wie Pumpen, induzierte und spontane Emission, Absorption und Relaxationen. Man schreibt die durch die genannten Vorgänge verursachte Änderung der Besetzungszahlen für die Atomniveaus sowie der Photonenzahl des Strahlungsfeldes auf und kommt so zu den sogenannten Bilanzgleichungen (in der englischen Literatur als „rate equations" bezeichnet). Die Übergangswahrscheinlichkeiten selbst denkt man sich quantenmechanisch (wie in Abschn. 1.2) berechnet oder experimentell bestimmt.

Wir möchten schon an dieser Stelle darauf hinweisen, daß die Bilanzgleichungen nicht mehr einer SCHRÖDINGER-Gleichung äquivalent sind. Die Besetzungswahrscheinlichkeiten der Atomniveaus sind ja mit den Diagonalelementen der Dichtematrix ϱ für das Atomsystem zu identifizieren, und es fehlen daher in den Bilanzgleichungen von vornherein die — in der quantenmechanischen Beschreibung auftretenden — Nichtdiagonalelemente von ϱ. Mit anderen Worten, in der quantenmechanischen Behandlung des Laserüberganges werden den Atomniveaus j Wahrscheinlichkeits-*Amplituden* c_j (komplexe Zahlen, nämlich die Entwicklungskoeffizienten der Wellenfunktion bezüglich der ungestörten Atomeigenfunktionen) zugeordnet, und die durch die Phasen dieser Wahrscheinlichkeitsamplituden (genauer, die relativen Phasen zwischen den verschiedenen c_j) ausgedrückte Information ist in den Bilanzgleichungen nicht enthalten. (Dort gehen nur die Absolutquadrate der c_j ein.) Es muß daher damit gerechnet werden, daß die Bilanzgleichungen in gewissen Fällen eine unvollständige, ja sogar falsche Beschreibung liefern. Wir werden auf diesen Punkt noch ausführlicher zu sprechen kommen (s. Abschn. 6.1). Für eine erste Orientierung, vor allem über die Energieverhältnisse, sind sie jedoch sehr brauchbar. Darüber hinaus stellen sie das einzige praktisch noch zu handhabende mathematische Instrument zur Untersuchung des Anlaufvorganges beim Laser dar.

Wir wollen nun die Bilanzgleichungen für einen zwischen zwei Niveaus stattfindenden Laserübergang aufstellen. Die Änderung der Besetzungszahlen für die Atomniveaus hat folgende Ursachen:

a) *Pumpen.* Diesen Vorgang kennzeichnen wir zahlenmäßig durch die Pumprate R, welche die Zahl der Atome angibt, die pro Zeiteinheit durch den Pumpmechanismus in den angeregten Zustand versetzt werden. Die Pumprate hängt genau genommen von der Zahl N_g der im

Grundzustand befindlichen Atome und damit (unter nichtstationären Bedingungen) von der Zeit ab. Da sich N_g aber bei konstanter Intensität der Pumpstrahlung (im Falle des He-Ne-Lasers bei konstanter mittlerer Zahl von He-Atomen in den metastabilen Niveaus) mit wechselnder Strahlungsleistung des Lasers im Verhältnis zur Gesamtzahl der vorhandenen Atome nur wenig ändert, können wir die Pumprate in guter Näherung als zeitlich konstant voraussetzen.

b) *Induzierte Emission.* Wir nehmen der Einfachheit halber an, daß im Laser nur eine einzige Eigenschwingung des Resonators angeregt ist, was sich experimentell durchaus verwirklichen läßt. Auch in diesem Fall kann man störungstheoretisch eine induzierte Übergangswahrscheinlichkeit pro Zeiteinheit berechnen, vorausgesetzt, daß man es mit einer, wie man sagt, inhomogen verbreiterten Atomlinie zu tun hat. Darunter ist folgendes zu verstehen: Die Atome zerfallen in einzelne Gruppen, die jeweils eine verschiedene Frequenz emittieren (bzw. absorbieren). Eine inhomogene Linienverbreiterung liegt bei Festkörpern mit Gitterfehlern (vor allem bei Gläsern) und Gasen tatsächlich vor. Im ersten Fall sind die in den Kristall eingebauten, für die Ausstrahlung verantwortlichen Atome Kristallfeldern verschiedener Stärke und Richtung ausgesetzt, was zu unterschiedlichen Niveauverschiebungen bzw. -aufspaltungen führt, und bei einem Gas strahlen Atome mit verschiedener Geschwindigkeit (in Beobachtungsrichtung) auf Grund des Doppler-Effektes mit verschiedener Frequenz. (Im Gegensatz dazu spricht man von einer homogenen Linienverbreiterung dann, wenn sich alle Atome gleichartig verhalten; als ein Beispiel hierfür erwähnen wir die sogenannte thermische Verbreiterung infolge des thermischen Schwingens der Atome in einem [fehlerfreien] Kristall.)

Wir berücksichtigen die inhomogene Linienbreite der Atome dadurch, daß wir mit einem Ensemble von Atomen mit verschiedenen Werten von ω_{21} rechnen, wobei wir zur Vereinfachung eine Rechteckverteilung annehmen, deren Mitte mit der Kreisfrequenz ω_μ des Strahlungsfeldes zusammenfällt, d. h., wir benutzen die (auf Eins normierte) Verteilungsfunktion

$$f(\omega_{21}) = \begin{cases} \dfrac{1}{2a} \text{ für } & -a \leqq \omega_{21} - \omega_\mu \leqq a, \\ 0 \text{ sonst.} & \end{cases} \tag{1.1}$$

Zur Berechnung der Übergangswahrscheinlichkeit für den Prozeß der induzierten Emission können wir von der früheren Gleichung (2.40), Kapitel 1, ausgehen, die unabhängig davon gültig ist, ob außer Photonen der Sorte μ noch Photonen anderer Sorten vorhanden sind, also speziell auch in dem jetzt betrachteten Fall der Anregung der Eigenschwingung μ allein gilt. Allerdings denken wir uns die Eigenschwingung μ nun als eine stehende Welle in einem (verlustfreien) Resonator[1]; das bedeutet, daß wir in Gl. (2.40), Kapitel 1, die Größe a_μ^0 — unter Beachtung von Gl. (2.26), Kapitel 1 — zu ersetzen haben durch

$$b_\mu^0 = i\sqrt{\frac{2\pi\hbar\,\omega_\mu}{V}}\,\sqrt{2}\,\sin \boldsymbol{k}_\mu \boldsymbol{r}_A = i\,|a_\mu^0|\,\sqrt{2}\,\sin \boldsymbol{k}_\mu \boldsymbol{r}_A. \tag{1.2}$$

Dabei bezeichne $\boldsymbol{r}_A$ den Ortsvektor für den Schwerpunkt des Atoms und V das Resonatorvolumen (das jetzt an die Stelle des früheren Periodizitätsvolumens L^3 tritt). Der Faktor $\sqrt{2}$ vor dem Sinus sorgt dafür, daß auch das Vektorpotential der stehenden Welle die Normierungsbedingung (2.15), Kapitel 1, befriedigt.

Wir setzen weiterhin eine statistische Orientierung der Atome voraus. Die entsprechende Mittelung von $|\boldsymbol{D}_{12}\boldsymbol{e}_\mu|^2$

---

[1]) Genau genommen interessieren wir uns für die am schwächsten gedämpfte Eigenschwingung eines offenen Resonators; von der dabei auftretenden Abweichung der räumlichen Feldverteilung von $\sin \boldsymbol{k}_\mu \boldsymbol{r}$ können wir hier jedoch absehen.

liefert dann einfach den Wert $^1/_3|\boldsymbol{D}_{12}|^2$. (Die quadratischen Mittelwerte $\overline{|v_j|^2}$ ($j = 1,2,3$) der Komponenten eines Vektors $\boldsymbol{v}$ bezüglich dreier zueinander senkrechter Richtungen sind im Fall statistischer Orientierung gleich, andererseits hat ihre Summe den Wert $|\boldsymbol{v}|^2$, so daß sich jeder der drei Mittelwerte zu $^1/_3|\boldsymbol{v}|^2$ ergibt.) Damit können wir für die induzierte Übergangswahrscheinlichkeit im Fall eines Atoms mit dem Niveauabstand $\hbar\omega_{21}$ schreiben

$$\overline{W}_\mu^{(\text{ind})}(t) = \frac{1}{\hbar^2}\,\frac{1}{3}\,|\boldsymbol{D}_{12}|^2\,|a_\mu^0|^2\,2\sin^2(\boldsymbol{k}_\mu\boldsymbol{r}_A)\,\overline{n}_\mu \times \frac{\sin^2\dfrac{\omega_\mu-\omega_{21}}{2}t}{\left(\dfrac{\omega_\mu-\omega_{21}}{2}\right)^2}. \tag{1.3}$$

Dabei wurde in Gl. (2.40), Kapitel 1, noch die dem spontanen Übergang entsprechende Eins in dem Faktor $n_\mu + 1$ weggelassen und eine Mittelung über die Photonenzahl des (in einer Eigenschwingung angeregten) Strahlungsfeldes durchgeführt.

Während wir in Abschn. 1.2., Gl. (2.40), über alle Eigenschwingungen mit Frequenzen in der Nähe der Resonanzfrequenz zu summieren hatten, haben wir nun ω_μ als scharf anzusehen; dagegen nehmen wir jetzt eine Mittelung über ω_{21} entsprechend der Verteilungsfunktion (1.1) vor. Da die Breite der letzteren (in Einheiten von $\hbar$) in praxi beträchtlich größer als die natürliche Linienbreite der spontan emittierten Strahlung ist, können wir die Integration über ω_{21} in ganz analoger Weise ausführen wie in Abschn. 1.2. An die Stelle der Zustandsdichte des Strahlungsfeldes tritt nun der Wert der Verteilungsfunktion $f(\omega_{21})$ an der Resonanzstelle $\omega_{21} = \omega_\mu$, also gemäß (1.1) die Größe 1/(2a), und wir erhalten für die induzierte Übergangswahrscheinlichkeit pro Zeiteinheit

$$w_\mu^{(\mathrm{ind})} = \frac{1}{t}\int \overline{W}_\mu^{(\mathrm{ind})}(t)\, f(\omega_{21})\,\mathrm{d}\omega_{21}$$
$$= \frac{1}{\hbar^2}\frac{1}{3}\,|\boldsymbol{D}_{12}|^2\,|a_\mu^0|^2\,\frac{2\pi}{2a}\,2\sin^2(\boldsymbol{k}_\mu\boldsymbol{r}_A)\,\bar{n}_\mu. \qquad (1.4)$$

Wir vergleichen diesen Ausdruck mit der totalen spontanen Übergangswahrscheinlichkeit (pro Zeiteinheit) W_{spont} für ein Atom. Die Größe $W_{\mathrm{spont}}\cdot t$ ergibt sich aus Gl. (2.40), Kapitel 1, für $\boldsymbol{n}_\mu = 0$ durch Summation über alle Eigenschwingungen des Strahlungsfeldes, deren Frequenzen in der Nähe der Resonanzfrequenz $\omega_{21}/(2\pi)$ liegen. Zu diesem Zweck mitteln wir am besten zunächst über alle Orientierungen des Vektors $\boldsymbol{D}_{12}$, was nach dem Obigen auf die Ersetzung von $|\boldsymbol{D}_{12}\boldsymbol{e}_\mu|^2$ durch $^1/_3\,|\boldsymbol{D}_{12}|^2$ hinausläuft. Nunmehr hängt die Emissionswahrscheinlichkeit nicht mehr von der Ausbreitungs- und der Polarisationsrichtung des Lichtes ab, und wir gelangen durch Umwandlung der Summation über die Eigenschwingungen in eine Integration über ω_μ (s. Abschn. 1.2) zu folgendem Ausdruck für die spontane Übergangswahrscheinlichkeit pro Zeiteinheit

$$W_{\mathrm{spont}} = \frac{1}{\hbar^2}\frac{1}{3}|\boldsymbol{D}_{12}|^2\,|a_\mu^0|^2\;2\pi\,\varrho_G(\omega_{21}) \qquad (1.5)$$

mit ϱ_G als Gesamtzustandsdichte des Strahlungsfeldes. (Die Größe $\varrho_G(\omega)\,\mathrm{d}\omega$ gibt die Gesamtzahl der Eigenschwingungen im Kreisfrequenzintervall $\omega \ldots \omega + \mathrm{d}\omega$ an; ϱ_G ist daher das 8π-fache der auf die Einheit des Raumwinkelelements und eine Polarisationsrichtung bezogenen Zustandsdichte ϱ (Gl. (2.31), Kapitel 1).)

Der Vergleich von (1.4) und (1.5) liefert nun offenbar den einfachen Zusammenhang

$$w_\mu^{(\mathrm{ind})} = 2\sin^2(\boldsymbol{k}_\mu\boldsymbol{r}_A)\,\bar{n}_\mu\,\frac{W_{\mathrm{spont}}}{2a\,\varrho_G(\omega_{21})}. \qquad (1.6)$$

Nun ist in dem Fall, daß die inhomogene Niveauverbreiterung (in Einheiten von $\hbar$) wesentlich größer als die natürliche Linienbreite eines Atoms ist, die tatsächlich zu beobachtende Linienbreite $\Delta\nu$ der spontan emittierten Strahlung praktisch durch die Niveauverbreiterung der Atome gegeben, d. h., wir haben die Beziehung

$$\Delta\nu \approx \frac{2a}{2\pi} \quad \text{oder} \quad \Delta\omega \approx 2a\,. \tag{1.7}$$

Weiterhin ist die Zustandsdichte ϱ_G für ein freies, in laufende ebene Wellen zerlegt gedachtes Strahlungsfeld dieselbe wie für ein in einem Resonator eingeschlossenes Strahlungsfeld (wobei es außerdem für den Fall, daß die Resonatordimensionen groß gegen die Wellenlänge sind, nicht auf die Form des Resonators, sondern nur auf dessen Volumen V ankommt). Daher läßt sich der Nenner in Gl. (1.6) einfach als Zahl Z der Eigenschwingungen eines Resonators vom Volumen V interpretieren, deren Frequenz innerhalb der experimentellen (inhomogenen) Linienbreite $\Delta\nu$ der spontanen Strahlung liegt.

Der Faktor $\sin^2 \boldsymbol{k}_\mu \boldsymbol{r}_A$ in Gl. (1.6) bringt zum Ausdruck, daß die Übergangswahrscheinlichkeit proportional zur *lokalen* Intensität des elektromagnetischen Feldes ist. An Stellen kleiner Amplitude des Feldes ist die Übergangswahrscheinlichkeit verringert, was physikalisch sofort verständlich ist, weil ein Atom nur die an seinem Orte wirksame elektrische Feldstärke „wahrnimmt". Da es uns nicht auf das Verhalten eines einzelnen Atoms, sondern nur auf das Gesamtverhalten aller Atome ankommt, mitteln wir in Gl. (1.6) noch über die Schwerpunktskoordinate $\boldsymbol{r}_A$ und erhalten so schließlich die gesuchte induzierte Übergangswahrscheinlichkeit pro Zeiteinheit für den Fall, daß nur eine Eigenschwingung des Strahlungsfeldes angeregt ist, zu

$$w_\mu^{(\mathrm{ind})} = \frac{W_{\mathrm{spont}}}{Z}\,\bar{n}_\mu \equiv B\bar{n}_\mu\,. \tag{1.8}$$

Die Größe B wird meist als EINSTEIN-Koeffizient für die induzierte Emission bezeichnet.

c) *Spontane Emission.* Für diesen Vorgang wurde die Übergangswahrscheinlichkeit soeben berechnet (Gl. (1.5)). Durch die spontanen Emissionsprozesse werden hauptsächlich andere Eigenschwingungen als die Lasereigenschwingung angeregt (der Beitrag der spontanen Emission zur Intensität der letzteren ist bei den praktisch vorkommenden Intensitäten der Laserstrahlung vernachlässigbar klein gegenüber dem der induzierten Emission), so daß die spontan strahlenden Atome dem eigentlichen Laserprozeß verlorengehen.

d) *Absorption.* Da eine Reabsorption spontan emittierter Lichtquanten ebenfalls nicht berücksichtigt zu werden braucht (diese Photonen verlassen das aktive Material nach kurzer Zeit), hat man nur die Absorption solcher Quanten, die zur Lasereigenschwingung gehören, in Rechnung zu setzen. Die entsprechende Übergangswahrscheinlichkeit ist nach Abschn. 1.2 gleich der für die induzierte Emission, also ebenfalls durch (1.8) gegeben.

e) *Relaxationsvorgänge.* Darunter verstehen wir spontane Übergänge von einem der Laserniveaus zu anderen, am Laserprozeß nicht direkt beteiligten Niveaus. Beim Gaslaser handelt es sich meist um spontane Emissionsprozesse oder Stöße zwischen den Atomen, beim Festkörperlaser hauptsächlich um strahlungslose Übergänge, also Prozesse, bei denen das Kristallgitter Energie aufnimmt. Von ein- und demselben Laserniveau können dabei verschiedene Relaxationsprozesse ihren Ausgang nehmen; für die Bilanzgleichungen interessiert nur die entsprechende totale Übergangswahrscheinlichkeit (die Summe der einzelnen Übergangswahrscheinlichkeiten), die wir mit γ_j (j Niveaunummer) bezeichnen. Falls das untere Laserniveau mit dem Grundniveau identisch ist, rechnen wir auch das „Wegpumpen“ aus diesem Niveau zu den Relaxationsprozessen.

Infolge der Atomübergänge ändert sich auch die mittlere Photonenzahl $\bar{n}_\mu$ der Lasereigenschwingung. Genauer gesagt sind es die induzierten Emissions- und die Absorptionsprozesse, die $\bar{n}_\mu$ vergrößern bzw. verkleinern. (Der Einfluß der spontanen Emissionsvorgänge auf die Lasereigenschwingung ist vernachlässigbar klein, s. o.) Hinzu kommen die Photonenverluste, die durch die endliche Durchlässigkeit der Spiegel sowie die Beugung an ihnen verursacht sind[1]) und die wir pauschal durch eine Verlustkonstante $\varkappa$ des Resonators kennzeichnen (deren reziproker Wert die Zeit angibt, in der die Intensität des Feldes auf den e-ten Teil abklingt, wenn keine Zulieferung von Photonen erfolgt).

Bezeichnen wir die Besetzungszahl des Niveaus j mit N_j ($j = 1$ entspreche dem unteren, $j = 2$ dem oberen Niveau des Laserüberganges), so können wir nach dem Gesagten die Bilanzgleichungen in folgender Weise aufschreiben:

$$\frac{\mathrm{d}N_2}{\mathrm{d}t} = R_2 + N_1 B \bar{n}_\mu - N_2 B \bar{n}_\mu - N_2 W_{\mathrm{spont}} - N_2 \gamma_2, \quad (1.9)$$

$$\frac{\mathrm{d}N_1}{\mathrm{d}t} = R_1 - N_1 B \bar{n}_\mu + N_2 B \bar{n}_\mu + N_2 W_{\mathrm{spont}} - N_1 \gamma_1, \quad (1.10)$$

$$\frac{\mathrm{d}\bar{n}_\mu}{\mathrm{d}t} = N_2 B \bar{n}_\mu - N_1 B \bar{n}_\mu - \varkappa \bar{n}_\mu. \quad (1.11)$$

Hier wurde noch die Möglichkeit berücksichtigt, daß auch das untere Niveau (schwächer als das obere) gepumpt wird.

Die Terme auf der rechten Seite von Gl. (1.9) beschreiben der Reihe nach folgende Änderungen der Besetzungszahl N_2: Zunahme einerseits durch Pumpen und anderer-

[1]) Beim Festkörperlaser treten außerdem noch Verluste im Innern der aktiven Substanz durch Streuung des Lichtes an Gitterfehlstellen u. ä. auf. Diese Verluste denken wir uns in der Verlustkonstante des Resonators mit berücksichtigt.

seits durch Absorption, Abnahme durch induzierte Emission, spontane Emission sowie Relaxationen. In Gl. (1.10) erscheinen die den induzierten und spontanen Übergängen entsprechenden Terme als Zuwachsrate von N_1, und die Absorptionen geben Anlaß zu einer Verringerung von N_1. Die einzelnen Summanden auf der rechten Seite von Gl. (1.11) bringen den Gewinn an Photonen durch induzierte Emission, den Verlust an Photonen durch Absorption sowie die Resonatorverluste zum Ausdruck.

3.2. Lösung im stationären Fall

Wir studieren zunächst den stationären Fall, d. h., wir setzen die zeitliche Ableitung der Besetzungszahlen für die Atomniveaus sowie der Photonenzahl gleich Null. Aus den Gln. (1.9) bis (1.11) folgt so das Gleichungssystem

$$0 = R_2 + N_1 B \bar{n}_\mu - N_2 (B \bar{n}_\mu + W_{\text{spont}} + \gamma_2), \qquad (2.1)$$

$$0 = R_1 + N_2 (B \bar{n}_\mu + W_{\text{spont}}) - N_1 (B \bar{n}_\mu + \gamma_1), \qquad (2.2)$$

$$0 = (N_2 - N_1)\, B \bar{n}_\mu - \varkappa \bar{n}_\mu . \qquad (2.3)$$

Aus der letzten Gleichung ergibt sich — vorausgesetzt, daß der Laser tatsächlich läuft, d. h., daß die mittlere Photonenzahl $\bar{n}_\mu$ größer als Null ist — sofort die Beziehung

$$\sigma \equiv N_2 - N_1 = \frac{\varkappa}{B} . \qquad (2.4)$$

Das bedeutet also, im stationären Fall ist die Inversion σ bei einer gegebenen Arbeitssubstanz (bei festem B) einzig und allein durch die Resonatorverluste festgelegt. Es erscheint auf den ersten Blick unverständlich, daß σ nicht von der Stärke des Pumpens und der Gesamtzahl der aktiven Atome abhängt. Man kann aber zunächst sagen, daß nach Gl. (2.4) bei einem bestimmten Wert $\varkappa$ der Resonatorverluste eine Mindestzahl von Atomen vorhanden sein muß, da ja σ im Höchstfall gleich der Gesamtzahl aller Atome sein kann (dann nämlich, wenn extrem stark gepumpt wird, so daß sich im zeitlichen Mittel alle Atome im oberen Laserniveau befinden). Wenn jedoch die Zahl der Atome genügend groß ist und die Stärke des Pumpens für einen stationären Laserbetrieb ausreicht, führt eine Zunahme der Pumprate R_2 (sei es durch Vergrößerung der Atomzahl oder durch Erhöhung der Intensität der Pumpstrahlung) nicht zu einer Änderung der Inversion σ. Die Erklärung hierfür besteht, wie wir unten noch deutlich sehen werden, darin, daß nunmehr die Intensität des Strahlungsfeldes einen größeren Wert annimmt; es werden zwar mehr Atome durch den Pumpmechanismus in das obere Laserniveau „gehoben", dafür gehen aber auch mehr Atome durch den Prozeß der induzierten Emission in das untere Laserniveau über, so daß σ insgesamt konstant bleibt.

Durch Summation der Gln. (2.1) und (2.2) erhalten wir die Relation

$$R_1 + R_2 = N_1\gamma_1 + N_2\gamma_2, \tag{2.5}$$

die einfach die pauschale Besetzungsbilanz für die beiden Laserniveaus $j = 1$ und $j = 2$ zum Ausdruck bringt: Die Gesamtzahl der pro Zeiteinheit in die beiden Laserniveaus „gepumpten" Atome ist gleich der Zahl der durch Relaxationsprozesse „verlorengehenden" Atome.

Aus den Gln. (2.1) und (2.2) kann man ohne große Mühe die Besetzungsinversion als Funktion der mittleren Photonenzahl $\bar{n}_\mu$ ausrechnen mit dem Ergebnis

$$\sigma = \frac{R_2(\gamma_1 - W_{\text{spont}}) - R_1(\gamma_2 + W_{\text{spont}})}{B\bar{n}_\mu(\gamma_1 + \gamma_2) + \gamma_1(\gamma_2 + W_{\text{spont}})}. \tag{2.6}$$

Hieraus erkennt man zunächst, daß γ_1 auf alle Fälle größer als W_{spont} sein muß, wenn ein positiver Wert von σ — also eine Besetzungsinversion im eigentlichen Sinn des Wortes — möglich sein soll. Das bedeutet, es muß das untere Laserniveau durch Relaxationsprozesse stärker entleert werden, als die Auffüllung dieses Niveaus durch spontane Übergänge aus dem oberen Laserniveau erfolgt. Dies ist ohne weiteres verständlich, da es sonst zu einer Ansammlung von Atomen im unteren Laserniveau kommt. Ein Laser läuft also um so besser, je kürzer die Aufenthaltsdauer der Atome im unteren Laserniveau ist.

Gl. (2.6) bringt weiterhin eine Abhängigkeit der Inversion von der mittleren Photonenzahl zum Ausdruck, was man als Sättigungseffekt bezeichnet. Offenbar nimmt die Inversion mit wachsender Photonenzahl ab; das ist plausibel, da ja die Ausstrahlung mit einem Abbau der Inversion verknüpft ist.

Unter Benutzung von (2.4) folgt aus Gl. (2.6) für die mittlere Photonenzahl der Ausdruck

$$\bar{n}_\mu = \frac{R_2(\gamma_1 - W_{\text{spont}}) - R_1(\gamma_2 + W_{\text{spont}})}{\varkappa(\gamma_1 + \gamma_2)} - \frac{\gamma_1(\gamma_2 + W_{\text{spont}})}{B(\gamma_1 + \gamma_2)}. \tag{2.7}$$

Aus dieser Gleichung ist ersichtlich, daß die Photonenzahl $\bar{n}_\mu$, wie nicht anders zu erwarten, mit abnehmenden Resonatorverlusten $\varkappa$ anwächst. Die gleiche Wirkung hat auch eine Vergrößerung der Pumprate, wie oben schon erwähnt wurde.

Aus der physikalisch trivialen Aussage, daß $\bar{n}_\mu \geqq 0$ sein muß, erhalten wir vermöge (2.7) die folgende Ungleichung

$$\frac{R_2(\gamma_1 - W_{\text{spont}}) - R_1(\gamma_2 + W_{\text{spont}})}{\gamma_1(\gamma_2 + W_{\text{spont}})} \geqq \frac{\varkappa}{B}, \tag{2.8}$$

die sogenannte Laserbedingung. Sie lehrt, daß bei vorgegebenen Resonatorverlusten die Lasertätigkeit erst dann einsetzen kann, wenn die Stärke des Pumpens einen Minimalwert (eine Schwelle) überschreitet.

Die linke Seite der Ungleichung (2.8) läßt sich mit Hilfe von Gl. (2.6) physikalisch leicht interpretieren: Sie stellt offenbar gerade diejenige Besetzungsinversion σ_0 dar, die sich unter dem Einfluß des Pumpens bei „abgeschaltetem" Strahlungsfeld der Lasereigenschwingung ($\bar{n}_\mu = 0$) ausbildet. (Dieses „Abschalten" kann man sich dabei konkret durch Entfernung der Resonatorspiegel oder durch Unterbrechung des Strahlenganges im Innern des Resonators mittels einer absorbierenden Platte verwirklicht denken.) Statt (2.8) können wir daher einfach schreiben

$$\sigma_0 \geq \frac{\varkappa}{B}. \tag{2.9}$$

Da die rechte Seite dieser Ungleichung gemäß (2.4) gleich der im stationären Laserbetrieb auftretenden Besetzungsinversion ist, besagt (2.9) einfach folgendes: Um eine stationäre Laserausstrahlung zu erreichen, muß so stark gepumpt werden, daß die bei abgeschaltetem Strahlungsfeld durch den Pumpvorgang erzeugte Inversion größer ist als die für den stationären Laserbetrieb erforderliche Inversion. Dies leuchtet ein, da mit zunehmender Intensität der Lasereigenschwingung die ursprünglich vorhandene Inversion immer mehr verkleinert wird. (Die Nettoerzeugung von Photonen geht ja auf Kosten der Inversion.)

Durch Einführung der Größe σ_0 können wir schließlich die Beziehung (2.7) noch umformen in

$$\bar{n}_\mu = \frac{\gamma_1(\gamma_2 + W_{\text{spont}})}{B(\gamma_1 + \gamma_2)} \left(\frac{B\sigma_0}{\varkappa} - 1\right), \tag{2.10}$$

woraus die Schwellenbedingung (2.9) unmittelbar hervorgeht. Gl. (2.10) zeigt auch deutlich die Existenz einer oberen Grenze für die Intensität der Laserstrahlung: Man kann durch immer weitere Steigerung der Pumpleistung (bei festgehaltenen Werten der anderen Parameter, im besonderen bei konstanter Zahl N der aktiven Atome) nicht beliebig hohe Strahlungsleistungen erzeugen; die Größe σ_0 kann ja im günstigsten Fall den Wert N annehmen, bei immer stärkerem Pumpen nähert sich daher die Photonenzahl dem Maximalwert

$$\bar{n}_\mu^{(\max)} = \frac{\gamma_1(\gamma_2 + W_{\text{spont}})}{B(\gamma_1 + \gamma_2)} \left(\frac{BN}{\varkappa} - 1 \right). \qquad (2.11)$$

3.3. Einschwingvorgänge

Für ein Studium des Anlaufvorganges im Laser (des Einschwingens in den stationären Zustand) ist eine Lösung des ursprünglichen Differentialgleichungssystems (1.9) bis (1.11) erforderlich. Da diese Dgln. offenbar nichtlinear sind, können sie im allgemeinen Fall nicht analytisch gelöst werden, und man ist auf numerische Rechnungen angewiesen. Was sich aber noch einfach behandeln läßt, sind kleine Abweichungen vom stationären Gleichgewicht. Mit ihnen wollen wir uns zuerst beschäftigen.

Wir bemerken zunächst, daß Einschwingvorgänge hauptsächlich beim Festkörperlaser zu beobachten sind. Das liegt daran, daß bei diesem Lasertyp — im Gegensatz zum Gaslaser — die Verstärkung des Lichtes pro Durchgang durch das aktive Material recht groß ist. Dadurch kommt es (bei nicht zu starkem Pumpen) im Laufe des Ausstrahlungsvorganges — bedingt durch die mit dem Anwachsen der Photonenzahl verbundene Zunahme der induzierten Übergänge — zu einem so raschen Abbau der Inversion, daß der Pumpmechanismus mit der Nachlieferung von Atomen in das obere Laserniveau nicht nachkommt und die Ausstrahlung praktisch aufhört. Erst nach erneutem Aufbau der Inversion durch den

Pumpprozeß setzt die Ausstrahlung wieder ein, d. h., der Laser strahlt in Form einzelner aufeinanderfolgender Lichtblitze, der sogenannten „spikes".

Wir spezialisieren uns auf den Fall des Rubinlasers. Es gehen dann von den Laserniveaus keine Relaxationsprozesse aus, und das untere Laserniveau ist mit dem Grundniveau identisch, so daß es durch den Pumpprozeß direkt entleert wird. Wir können die mittlere Aufenthaltsdauer der Atome in den Pumpniveaus (den beiden Absorptionsbanden in Abb. 1) als vernachlässigbar klein im Verhältnis zu den Verweilzeiten in den Laserniveaus ansehen; das bedeutet, die Atome halten sich praktisch nur in den beiden Laserniveaus auf, und es gilt

$$N_1 + N_2 = N \tag{3.1}$$

mit N als Gesamtzahl der aktiven Atome. Ersetzen wir noch die spontane Übergangsrate $N_2 W_{\text{spont}}$ näherungsweise durch ihren Wert für $\sigma = 0$, also nach (3.1) durch $\frac{1}{2} N W_{\text{spont}}$ (was erlaubt ist, da die in praxi vorkommenden — mit der Photonenzahl $\bar{n}_\mu$ sich ändernden — Werte von σ noch klein gegenüber N sind), so nehmen die Gln. (1.9) und (1.10) die folgende Gestalt an

$$\frac{dN_2}{dt} = R_2 - \frac{N}{2} W_{\text{spont}} - (N_2 - N_1) B \bar{n}_\mu, \tag{3.2}$$

$$\frac{dN_1}{dt} = -\left(R_2 - \frac{N}{2} W_{\text{spont}}\right) + (N_2 - N_1) B \bar{n}_\mu. \tag{3.3}$$

Durch Subtraktion dieser beiden Gleichungen ergibt sich eine Differentialgleichung für die Inversion σ, nämlich

$$\frac{d\sigma}{dt} = W - 2\sigma B n, \tag{3.4}$$

wobei die Abkürzung

$$W = 2 R_2 - N W_{\text{spont}} \tag{3.5}$$

eingeführt und an Stelle von $\bar{n}_\mu$ vereinfacht n geschrieben wurde. Die Bilanzgleichung für die Photonenzahl lautet nach (1.11)

$$\frac{dn}{dt} = \sigma B n - \varkappa n. \tag{3.6}$$

Wir haben es also nur noch mit zwei unabhängigen Variablen σ und n zu tun.

Wir betrachten nun kleine Abweichungen der Größen σ und n von ihren Gleichgewichtswerten, die offenbar durch

$$\tilde{\sigma} = \frac{\varkappa}{B}, \qquad \tilde{n} = \frac{W}{2\varkappa} \tag{3.7}$$

gegeben sind, machen also den Ansatz

$$\sigma = \tilde{\sigma} + \Delta\sigma, \qquad n = \tilde{n} + \Delta n \tag{3.8}$$

und setzen die Werte von $\Delta\sigma$ und Δn als so klein voraus, daß nur Terme erster Ordnung berücksichtigt zu werden brauchen (lineare Näherung).

Aus (3.4) und (3.6) erhalten wir so die Differentialgleichungen

$$\frac{d(\Delta\sigma)}{dt} = -2\tilde{\sigma}B\Delta n - 2B\tilde{n}\Delta\sigma, \tag{3.9}$$

$$\frac{d(\Delta n)}{dt} = B\tilde{n}\Delta\sigma, \tag{3.10}$$

die wir durch den Exponentialansatz

$$\Delta\sigma = x e^{\alpha t}, \qquad \Delta n = y e^{\alpha t} \tag{3.11}$$

lösen. Aus (3.9) und (3.10) folgt so

$$2B\tilde{\sigma}y + (\alpha + 2B\tilde{n})x = 0, \tag{3.12}$$

$$\alpha y - B\tilde{n}x = 0. \tag{3.13}$$

Das vorstehende homogene Gleichungssystem besitzt bekanntlich nur dann eine nichttriviale Lösung, wenn die Koeffizientendeterminante verschwindet. Aus dieser Bedingung ergibt sich der Wert von α zu

$$\alpha = -B\tilde{n} \pm B\tilde{n}\sqrt{1 - 2\frac{\tilde{\sigma}}{\tilde{n}}} \tag{3.14}$$

oder, unter der (bei einem Rubinlaser mit kleinen Resonatorverlusten und großer Pumpleistung erfüllten) Voraussetzung $\tilde{\sigma}/\tilde{n} \gg 1$ (s. [61]),

$$\alpha = -B\tilde{n} \pm iB\sqrt{2\tilde{n}\tilde{\sigma}}. \tag{3.15}$$

Setzen wir hier die Gleichgewichtswerte (3.7) ein, so entsteht

$$\alpha = -\frac{1}{t_0} \pm \frac{2\pi i}{T} \tag{3.16}$$

mit

$$t_0 = \frac{2\varkappa}{BW} \tag{3.17}$$

und

$$T = \frac{2\pi}{\sqrt{BW}}. \tag{3.18}$$

Wir kommen so zu der erfreulichen Feststellung, daß kleine Abweichungen von den Gleichgewichtswerten in der Zeit t_0 (auf den e-ten Teil) abklingen; das System strebt also dem Gleichgewichtszustand zu, und letzterer ist somit stabil. Diesem Dämpfungsvorgang ist eine harmonische Schwingung mit der Periodendauer T überlagert, eine sogenannte Relaxationsschwingung.

Im Fall des tatsächlichen Anlaufvorganges beim Laser sind die Abweichungen von den Gleichgewichtswerten jedoch so groß, daß die lineare Näherung versagt. Wir geben in Abb. 12 das Ergebnis einer numerischen Rechnung wieder, die von Röss [61] durchgeführt wurde. Die verwendeten Zahlenwerte für die experimentellen Parameter, nämlich

$$B = 1{,}49 \cdot 10^{-9}\,\mathrm{s}^{-1}, \quad W = 6{,}7 \cdot 10^{22}\,\mathrm{s}^{-1},$$
$$\varkappa = 1{,}27 \cdot 10^{8}\,\mathrm{s}^{-1}, \tag{3.19}$$

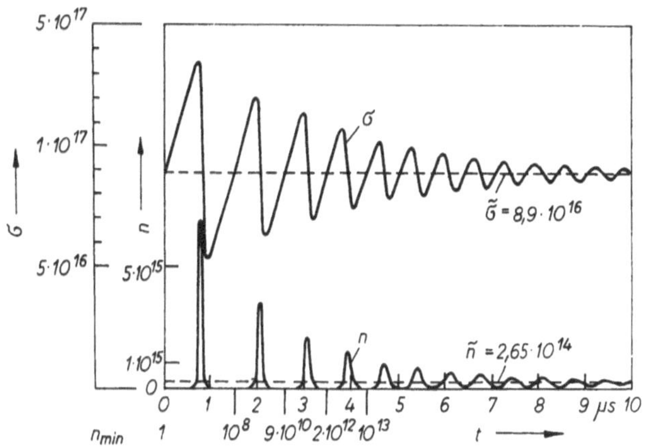

Abb. 12. Inversion σ und Photonenzahl n während des Einschwingvorganges bei einem Rubinlaser. $n_{\min}$ bezeichnet die minimale Photonenzahl zwischen den Lichtblitzen (nach [61])

entsprechen einem stark gepumpten Rubinlaser mit geringen Resonatorverlusten, und die zugrundegelegte Anfangsbedingung lautet

$$\sigma = \tilde{\sigma}, \quad n = 1 \qquad \text{für } t = 0\,. \tag{3.20}$$

Man erkennt aus der Abbildung, daß die Inversion zunächst in Form einer gedämpften Sägezahnkurve um den Gleichgewichtswert oszilliert. Erst für größere Zeiten erfolgt – in Übereinstimmung mit der obigen linearen

Näherung — ein Übergang in eine exponentiell gedämpfte Sinuskurve. Der zeitliche Verlauf der Photonenzahl zeigt, daß im Anfangsstadium nacheinander Lichtblitze großer Intensität ausgesandt werden. In den Zwischenzeiten fällt die Photonenzahl außerordentlich stark ab. Man sieht sehr deutlich, daß die „spikes" jeweils von einer starken und plötzlichen Abnahme der Inversion begleitet werden. Die Inversion sinkt dabei so tief unter den Gleichgewichtswert, daß zunächst fast keine Photonen (im Wechselspiel von Absorption und induzierter Emission) erzeugt werden; es müssen erst wieder genügend viele Atome in das obere Laserniveau „gepumpt" werden, damit ein erneuter Lichtblitz ausgestrahlt werden kann. Im Laufe der Zeit schwingt dann auch die Photonenzahl (gedämpft sinusförmig) in den stationären Wert ein.

Das in der Abbildung dargestellte zeitliche Verhalten der Photonenzahl kann unter geeigneten experimentellen Bedingungen beim Rubinlaser tatsächlich beobachtet werden (s. z. B. [30]).

4. Die Lambsche Theorie des Gaslasers

4.1. Das Verhalten eines Atoms in einem äußeren Feld

In den Untersuchungen des vorangehenden Kapitels haben wir den Ausstrahlungsvorgang pauschal durch eine Übergangswahrscheinlichkeit pro Zeiteinheit gekennzeichnet und uns über den Ausstrahlungsmechanismus selbst keine weiteren Gedanken gemacht. Es wurde weiterhin nur mit den Besetzungszahlen für die Laserniveaus und der mittleren Photonenzahl der Lasereigenschwingung gerechnet, was — wie am Anfang von Kapitel 3 bereits erwähnt — vom quantenmechanischen Standpunkt betrachtet unbefriedigend ist,weil ein Äquivalent der Phasenbeziehungen zwischen den quantenmechanischen Wahrscheinlichkeitsamplituden für die Atomniveaus in der Theorie von vornherein nicht enthalten sein kann. Es besteht daher das Bedürfnis nach einer detaillierten quantenmechanischen Beschreibung des Laserprozesses, in der (im Fall des Gaslasers) insbesondere auch die räumliche Bewegung der Atome und die dadurch bedingte inhomogene Verbreiterung der Atomniveaus im einzelnen berücksichtigt wird und Effekte einer Änderung der Strahlungsfeldfrequenz (Verschiebung der Laserfrequenz gegenüber der Resonatorfrequenz) unter dem Einfluß der aktiven Atome u. ä. studiert werden können. Von LAMB [41] wurde eine solche Theorie des Lasers weitgehend ausgearbeitet, die wir im folgenden in ihren Grundzügen und wesentlichen Ergebnissen darstellen wollen.

Wir beschreiben die Atome quantenmechanisch, das Strahlungsfeld jedoch klassisch, d. h., wir benutzen die sogenannte semiklassische Näherung. Dies ist wegen der großen Intensität der Laserstrahlung gerechtfertigt (es soll nur der stationäre Betrieb des Lasers untersucht werden, Anlaufvorgänge sollen außer Betracht bleiben), solange es uns auf Fragen der Linienbreite und der Amplitudenfluktuationen der Laserstrahlung nicht ankommt. Für eine zwanglose Erfassung der letzteren Effekte ist dann eine Quantisierung auch des Strahlungsfeldes erforderlich; auf die entsprechende Verfeinerung der Theorie werden wir im folgenden Kapitel eingehen. Bevor wir uns jedoch mit den Einzelheiten der LAMBschen Theorie beschäftigen, wollen wir uns erst ein Bild von dem quantenmechanischen Verhalten eines Atoms in einem äußeren (klassisch beschriebenen) Strahlungsfeld machen.

Wir idealisieren das Atom durch ein Zwei-Niveau-System. Wie bisher numerieren wir das obere Niveau mit $j = 2$, das untere mit $j = 1$; mit φ_j bezeichnen wir die zugehörigen (zeitunabhängigen) Wellenfunktionen, also die Eigenfunktionen des ungestörten HAMILTON-Operators H^0 des Atoms, und mit $\hbar\omega_j$ die betreffenden Eigenwerte. Das elektromagnetische Feld setzen wir als monochromatisch voraus, wobei die Frequenz in der Nähe der Resonanzfrequenz $\nu = \omega_{21}/(2\pi)$ liegen möge, und beschreiben es durch die (klassische) elektrische Feldstärke $\boldsymbol{E}(\boldsymbol{r}, t)$. Dieses Feld tritt mit dem Atom in Wechselwirkung, die wir gemäß Gl. (2.34), Kapitel 1, durch den Wechselwirkungsoperator

$$H^W = -\boldsymbol{D}\boldsymbol{E}(\boldsymbol{r}_A, t) \quad \text{mit} \quad \boldsymbol{D} = e\boldsymbol{r} \tag{1.1}$$

wiedergeben. Dabei wurde schon von der Dipolnäherung explizit Gebrauch gemacht, indem die elektrische Feldstärke (die über die $\boldsymbol{r}$-Abhängigkeit, genau gesprochen, zunächst noch ein Operator ist!) durch ihren Wert an der Stelle $\boldsymbol{r}_A$ des Atomschwerpunktes ersetzt wurde. Das elektromagnetische Feld wird als vorgegeben betrachtet; die Rückwirkung des Atoms auf das Strahlungsfeld bleibt unberücksichtigt, was im Fall großer Intensität des Feldes sicherlich in guter Näherung gerechtfertigt ist.

Wir entwickeln zunächst die unter der Einwirkung der Störung sich ausbildende Wellenfunktion $\psi(t)$ des Atoms nach den Eigenfunktionen von H^0

$$\psi(t) = \sum_{j=1}^{2} b_j(t)\,\varphi_j \tag{1.2}$$

und gehen mit diesem Ansatz in die SCHRÖDINGER-Gleichung

$$i\hbar \frac{\partial \psi}{\partial t} = (H^0 + H^W)\,\psi \tag{1.3}$$

ein mit dem Ergebnis

$$\begin{aligned} i\hbar\dot{b}_1\varphi_1 + i\hbar\dot{b}_2\varphi_2 = \hbar\omega_1 b_1\varphi_1 + \hbar\omega_2 b_2\varphi_2 \\ + b_1 H^W\varphi_1 + b_2 H^W\varphi_2 . \end{aligned} \tag{1.4}$$

Multiplizieren wir diese Gleichung von links skalar mit φ_1 bzw. φ_2, so erhalten wir unter Berücksichtigung der

Orthonormiertheit der Eigenfunktionen φ_j sofort die SCHRÖDINGER-Gleichung in der H^0-Darstellung:

$$i\hbar\dot{b}_1 = \hbar\omega_1 b_1 + \langle\varphi_1|H^W|\varphi_1\rangle b_1 + \langle\varphi_1|H^W|\varphi_2\rangle b_2, \quad (1.5)$$

$$i\hbar\dot{b}_2 = \hbar\omega_2 b_2 + \langle\varphi_2|H^W|\varphi_2\rangle b_2 + \langle\varphi_2|H^W|\varphi_1\rangle b_1. \quad (1.6)$$

Die Matrixelemente des Wechselwirkungsoperators lauten nach (1.1) einfach

$$\langle\varphi_i|H^W|\varphi_j\rangle = -\boldsymbol{D}_{ij}\boldsymbol{E}(\boldsymbol{r}_A, t) \quad (1.7)$$

mit $\boldsymbol{D}_{ij}$ als Matrixelement $\langle\varphi_i|\boldsymbol{D}|\varphi_j\rangle$ des elektrischen Dipoloperators für das Atom. Wie in Abschn. 1.2 setzen wir voraus, daß das Atom symmetrisch bezüglich Spiegelung ist; dann verschwinden (wie dort gezeigt) die Diagonalelemente des Dipoloperators. Schreiben wir weiterhin die elektrische Feldstärke am Orte $\boldsymbol{r}_A$ in der Form[1])

$$\boldsymbol{E}(\boldsymbol{r}_A, t) = \boldsymbol{E}_0 \cos(\omega t + \varphi) = \frac{\boldsymbol{E}_0}{2}\left(e^{i(\omega t+\varphi)} + e^{-i(\omega t+\varphi)}\right), \quad (1.8)$$

so ergeben sich — wenn wir uns die Phasen der Atomwellenfunktionen φ_1 und φ_2 so gewählt denken, daß $\boldsymbol{D}_{12}\boldsymbol{E}_0$ reell wird — die Nichtdiagonalelemente von H^W explizit zu

$$\langle\varphi_1|H^W|\varphi_2\rangle = \hbar(K e^{i\omega t} + K^* e^{-i\omega t}), \quad (1.9)$$

$$\langle\varphi_2|H^W|\varphi_1\rangle = \langle\varphi_1|H^W|\varphi_2\rangle^* = \hbar(K e^{i\omega t} + K^* e^{-i\omega t}) \quad (1.10)$$

mit der effektiven „Kopplungskonstante"

$$K = -\frac{1}{2\hbar}\boldsymbol{D}_{12}\boldsymbol{E}_0 e^{i\varphi} \equiv K_0 e^{i\varphi}. \quad (1.11)$$

---

[1]) Man beachte, daß diese Darstellung sowohl für stehende als auch für laufende Wellen gilt.

Damit vereinfacht sich das Gleichungssystem (1.5), (1.6) zu

$$i\dot{b}_1 = \omega_1 b_1 + (K e^{i\omega t} + K^* e^{-i\omega t})\, b_2, \tag{1.12}$$

$$i\dot{b}_2 = \omega_2 b_2 + (K e^{i\omega t} + K^* e^{-i\omega t})\, b_1. \tag{1.13}$$

Wir wollen nun noch in phänomenologischer Weise Relaxationsprozesse berücksichtigen, die von den einzelnen Niveaus ausgehen. Wir tun dies durch Hinzufügen eines imaginären Anteils $-i\gamma_j/2$ zu den Atomfrequenzen ω_j, d. h., wir schreiben an Stelle von (1.12) und (1.13)

$$i\dot{b}_1 = \left(\omega_1 - i\,\frac{\gamma_1}{2}\right) b_1 + (K e^{i\omega t} + K^* e^{-i\omega t})\, b_2, \tag{1.14}$$

$$i\dot{b}_2 = \left(\omega_2 - i\,\frac{\gamma_2}{2}\right) b_2 + (K e^{i\omega t} + K^* e^{-i\omega t})\, b_1. \tag{1.15}$$

Diese Abänderung ist zunächst plausibel, denn bei abgeschaltetem Strahlungsfeld folgt aus den vorstehenden Gleichungen

$$b_j(t) = b_j^0 e^{-i\omega_j t - \frac{\gamma_j}{2} t}, \tag{1.16}$$

also

$$|b_j(t)|^2 = |b_j^0|^2 e^{-\gamma_j t}. \tag{1.17}$$

Die Besetzungswahrscheinlichkeit der Niveaus klingt also exponentiell ab, und γ_j hat (wie in Kapitel 3) die Bedeutung der Übergangswahrscheinlichkeit pro Zeiteinheit für die Relaxationen. Darüber hinaus lassen sich die Gln. (1.14) und (1.15) auch quantenmechanisch begründen, wenn man die Relaxationsprozesse als spontane Strahlungsübergänge in andere Niveaus auffaßt und (quantenmechanisch) in der gleichen Näherung behandelt, die bei fehlendem äußeren Feld zur WIGNER-WEISSKOPF-Lösung für die spontane Emission führt (s. [17]).

Wir beseitigen zunächst die Terme mit konstanten Koeffizienten auf der rechten Seite der Gln. (1.14) und (1.15) durch die Substitution

$$b_j(t) = c_j(t)\, e^{-iw_jt} \tag{1.18}$$

mit der Abkürzung

$$w_j = \omega_j - i\,\frac{\gamma_j}{2} \tag{1.19}$$

(Abspaltung der ungestörten, d. h. bei abgeschaltetem äußeren Feld auftretenden Zeitabhängigkeit) und erhalten so aus (1.14) und (1.15)

$$i\dot{c}_1 = (K e^{i\omega t} + K^* e^{-i\omega t})\, e^{i(w_1 - w_2)t} c_2, \tag{1.20}$$

$$i\dot{c}_2 = (K e^{i\omega t} + K^* e^{-i\omega t})\, e^{i(w_2 - w_1)} c_1. \tag{1.21}$$

Nun soll sich voraussetzungsgemäß das Atom näherungsweise in Resonanz mit dem elektromagnetischen Feld befinden; es treten dann in den vorstehenden Gleichungen neben niederfrequenten Termen mit der Kreisfrequenz $\omega - (\omega_2 - \omega_1)$ auch hochfrequente Terme mit der Kreisfrequenz $\omega + (\omega_2 - \omega_1)$ auf. Die letzteren haben nur einen geringen Einfluß auf die Lösung der Gleichungen, da sich ihre Wirkung in Zeiten von der Größenordnung der Schwingungsdauer des Strahlungsfeldes wegmittelt, so daß wir sie in guter Näherung streichen können, was man häufig als „rotating wave approximation" bezeichnet.

Es ist interessant festzustellen, daß das Gleichungssystem (1.20), (1.21) für $\gamma_j = 0$ genau dem aus der vollständig quantisierten Theorie folgenden äquivalent ist, wenn man annimmt, daß nur eine einzige Eigenschwingung des Strahlungsfeldes angeregt ist, deren Photonenzahl im Ausgangszustand überdies scharf ist

(s. [39, 48]). Die hochfrequenten Terme entsprechen dann solchen Prozessen, bei denen der Energiesatz verletzt ist (beispielsweise einem Übergang des Atoms aus dem oberen in das untere Niveau, der mit Absorption eines Photons verbunden ist), und können auch aus diesem Grunde weggelassen werden.

Wir haben somit endgültig das folgende Gleichungssystem zu lösen

$$i\dot{c}_1 = K e^{i\Omega t} c_2, \tag{1.22}$$

$$i\dot{c}_2 = K^* e^{-i\Omega t} c_1 \tag{1.23}$$

mit

$$\Omega = \omega - (w_2 - w_1). \tag{1.24}$$

Wir eliminieren c_2 durch nochmaliges Differenzieren von Gl. (1.22) und gelangen so zu der folgenden Differentialgleichung zweiter Ordnung für c_1

$$\ddot{c}_1 - i\Omega\dot{c}_1 + |K|^2 c_1 = 0, \tag{1.25}$$

deren Lösung durch

$$c_1 = c e^{i y t} \tag{1.26}$$

mit

$$y = \frac{\Omega}{2} \pm \sqrt{\left(\frac{\Omega}{2}\right)^2 + |K|^2} \equiv \frac{\Omega}{2} \pm W \tag{1.27}$$

gegeben ist. Einsetzen dieses Ausdruckes für c_1 in Gl. (1.22) liefert

$$c_2 = -\frac{y}{K} c e^{i(y-\Omega)t}. \tag{1.28}$$

Dem Plus- und dem Minuszeichen in (1.27) entspricht dabei jeweils eine spezielle Lösung, und die Gesamtlösung ist die Summe dieser beiden Einzellösungen

$$c_1 = c^{(+)} e^{i\left(\frac{\Omega}{2} + W\right)t} + c^{(-)} e^{i\left(\frac{\Omega}{2} - W\right)t}, \tag{1.29}$$

$$c_2 = -\frac{1}{K}\left\{\left(\frac{\Omega}{2} + W\right) c^{(+)} e^{i\left(-\frac{\Omega}{2} + W\right)t} + \left(\frac{\Omega}{2} - W\right) c^{(-)} e^{-i\left(\frac{\Omega}{2} + W\right)t}\right\}. \tag{1.30}$$

Wir bestimmen nun die Integrationskonstanten $c^{(+)}$ und $c^{(-)}$ aus der Anfangsbedingung: das Atom befinde sich zur Zeit $t = 0$ im oberen Niveau

$$c_1(0) = 0, \qquad c_2(0) = 1. \tag{1.31}$$

(Die entsprechende Rechnung für den Fall, daß im Zeitpunkt $t = 0$ das untere Atomniveau besetzt ist, verläuft ganz analog, und wir gehen daher nicht näher darauf ein.)

Man findet nach leichter Mühe die folgenden Werte für $c^{(+)}$ und $c^{(-)}$

$$c^{(-)} = -c^{(+)} = \frac{K}{2W}, \tag{1.32}$$

und die Lösung für c_1 und c_2 lautet damit explizit

$$c_1 = -\frac{K}{2W} e^{i\frac{\Omega}{2}t} \{e^{iWt} - e^{-iWt}\}, \tag{1.33}$$

$$c_2 = \frac{1}{2W} e^{-i\frac{\Omega}{2}t} \left\{\left(\frac{\Omega}{2} + W\right) e^{iWt} - \left(\frac{\Omega}{2} - W\right) e^{-iWt}\right\} \tag{1.34}$$

mit

$$W = \sqrt{\frac{1}{4}\left(\omega - \omega_{21} + \frac{i\gamma_{21}}{2}\right)^2 + |K|^2} \qquad (\gamma_{ij} \equiv \gamma_i - \gamma_j) \tag{1.35}$$

gemäß den Gln. (1.27), (1.24) und (1.19).

Um die Betrachtungen nicht unnötig zu komplizieren, beschränken wir uns auf zwei Spezialfälle, nämlich

a) den Fall fehlender Relaxationsprozesse ($\gamma_1 = \gamma_2 = 0$) und

b) den Resonanzfall ($\omega = \omega_{21}$),

wobei wir im letzteren Fall noch voraussetzen, daß die Ungleichung

$$|\gamma_{21}| < 4|K| \tag{1.36}$$

erfüllt ist, was jedenfalls dann zutrifft, wenn sich die von den beiden Niveaus ausgehenden Relaxationsübergänge in ihrer Stärke wenig unterscheiden oder die Feldstärke des äußeren Feldes sehr groß ist. Die Größe W (Gl. (1.35)) hat dann in beiden Fällen einen positiven Wert, und wir schreiben die Gln. (1.33) und (1.34) zweckmäßigerweise auf Sinus- und Kosinusfunktionen um

$$c_1 = -\frac{iK}{W} e^{i\frac{\Omega}{2}t} \sin Wt, \tag{1.33'}$$

$$c_2 = e^{-i\frac{\Omega}{2}t} \left\{\cos Wt + i\,\frac{\Omega}{2\mathrm{W}} \sin Wt\right\}. \tag{1.34'}$$

Für die Wahrscheinlichkeit, das Atom zur Zeit t (bei einer geeigneten Messung) im unteren Niveau 1 anzutreffen, ergibt sich so unter Berücksichtigung von (1.18) der Ausdruck

$$|b_1(t)|^2 = \frac{|K|^2}{W^2} e^{-\frac{\gamma_1+\gamma_2}{2}t} \sin^2 Wt. \tag{1.37}$$

Im Fall a gilt

$$\mathrm{W} = \sqrt{\left(\frac{\Delta\omega}{2}\right)^2 + |K|^2}, \tag{1.38}$$

wobei $\Delta\omega = \omega - \omega_{21}$ die Abweichung der (Kreis-)Frequenz des Strahlungsfeldes von der Resonanzfrequenz bezeichnet, und es verschwindet der exponentielle Dämpfungsfaktor in Gl. (1.37). Die Größe $|b_1(t)|^2$ wächst also gemäß (1.37) vom Anfangswert Null an bis zu dem Maximalwert $|K|^2\left[\left(\frac{\Delta\omega}{2}\right)^2 + |K|^2\right]^{-1}$, fällt dann wieder bis zu Null ab, und so geht es periodisch weiter (s. Abb. 13).

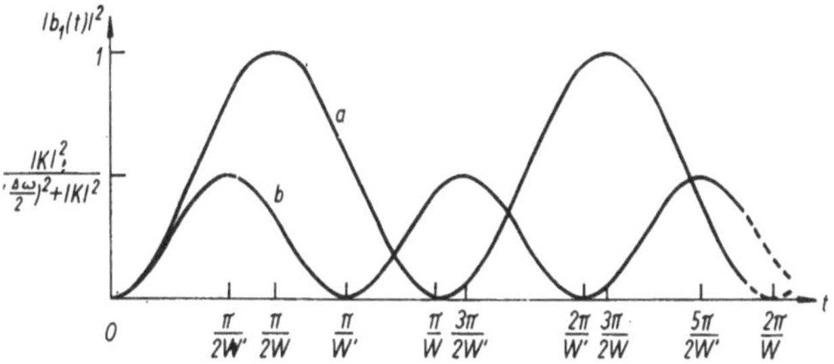

Abb. 13. Die Wahrscheinlichkeit $|b_1(t)|^2$, das ursprünglich angeregte Atom (bei fehlenden Relaxationsprozessen) im unteren Niveau vorzufinden. Die Kurve a bezieht sich auf den Resonanzfall $\Delta\omega = 0$, also $W = |K|$, die Kurve b auf eine Verstimmung $|\Delta\omega| = 1{,}96\,|K|$, woraus $W' = \sqrt{|K|^2 + \left(\frac{\Delta\omega}{2}\right)^2} = 1{,}4\,|K| = 1{,}4$ W folgt

Das Atom „pendelt“ somit unter dem Einfluß des Strahlungsfeldes zwischen dem oberen und dem unteren Niveau hin und her; aus energetischen Gründen muß dieser Vorgang abwechselnd mit Emission und Absorption von Strahlung verbunden sein, was wir später auch noch direkt sehen werden. Allerdings ist der erreichbare Maximalwert für die Besetzungswahrscheinlichkeit des unteren Niveaus nur bei genauer Resonanz gleich Eins, bei Verstimmung dagegen kleiner, so daß wir nur in diesem Fall das Atom zu gewissen Zeiten mit Sicherheit im tieferen Niveau vorfinden und damit sagen können, es ist ein Übergang aus dem oberen in das tiefere Niveau tatsächlich erfolgt, ohne daß ein Eingriff in das System mittels eines Meßapparates vorgenommen wurde. Dagegen darf man sich zu solchen Zeiten t, in denen $0 < |b_1(t)|^2 < 1$ ist, sicherlich nicht vorstellen, daß sich das Atom „von selbst" — d. h. ohne Einwirkung einer entsprechenden Meßapparatur — *entweder* (mit der Wahrscheinlichkeit $|b_1(t)|^2$) im Niveau 1 *oder* (mit der Wahrscheinlichkeit $1 - |b_1(t)|^2$) im Niveau 2 aufhält, da der Zustand des Atoms gemäß (1.2) durch eine quantenmechanische Superposition der Zustände φ_1 und φ_2, nicht aber durch ein statistisches Gemisch von φ_1 und φ_2, repräsentiert wird. In der Tat führt, wie wir unten noch näher erläutern werden, eine Messung, bei der festgestellt wird, in welchem der beiden Niveaus sich das Atom befindet — eine Messung der Energie des Atoms also —, im allgemeinen zu einer geänderten zeitlichen Entwicklung des Atoms.

Der Zeitpunkt, in dem $|b_1(t)|^2$ zum ersten Male den Maximalwert annimmt, ist offenbar gegeben durch

$$t^{(\max)} = \frac{\pi}{2\sqrt{\left(\frac{\Delta\omega}{2}\right)^2 + |K|^2}}, \tag{1.39}$$

und man erkennt, daß diese Zeit mit zunehmender Verstimmung immer kleiner wird, das Pendeln also mit immer kürzerer Periodendauer erfolgt.

Wir weisen darauf hin, daß ein derartiges zeitlich periodisches Verhalten des Atoms natürlich nicht aus Bilanzgleichungen, also Gleichungen vom Typ

$$\dot{N}_2 = -\, w_{\text{ind}}\,(N_2 - N_1), \tag{1.40}$$

$$\dot{N}_1 = \quad w_{\text{ind}}\,(N_2 - N_1) \tag{1.41}$$

(vgl. (3.2) und (3.3), Kapitel 3) mit w_{ind} als Übergangswahrscheinlichkeit für den Prozeß der induzierten Emission bzw. Absorption erhalten werden kann. (Die spontane Emission ist in der semiklassischen Näherung nicht berücksichtigt.) Aus den vorstehenden Gleichungen folgt ja offenbar für die Inversion $\sigma = N_2 - N_1$ die Differentialgleichung

$$\dot{\sigma} = -\,2 w_{\text{ind}}\,\sigma, \tag{1.42}$$

deren Lösung einfach

$$\sigma(t) = \sigma(0)\, e^{-2w_{\mathrm{ind}}\, t} \tag{1.43}$$

lautet und damit einen irreversiblen Übergang in einen stationären Endzustand beschreibt, der durch $\sigma = 0$, also Gleichbesetzung der Atomniveaus, zu kennzeichnen ist.

Dieses Ergebnis steht insofern nicht im Widerspruch zu dem obigen, aus der SCHRÖDINGER-Gleichung abgeleiteten, als man zu der Konzeption einer zeitunabhängigen Übergangswahrscheinlichkeit pro Zeiteinheit erst durch einen Mittelungsprozeß gelangt, der sich bei monochromatischem Strahlungsfeld nur auf den Abstand $\hbar\omega_{21}$ der Atomniveaus beziehen kann (s. Abschn. 3.1). Durch die Bilanzgleichungen wird daher ein ganzes Ensemble von Atomen mit verschiedenen Niveauabständen beschrieben, während die obige Lösung der SCHRÖDINGER-Gleichung den Einzelfall repräsentiert.

Ein ähnliches irreversibles Verhalten des Atoms, wie es die Bilanzgleichungen liefern, erhält man auch aus der quantenmechanischen Behandlung, wenn man sich in Zeitabständen, die kleiner sind als $t^{(\max)}$, die Energie des Atoms gemessen denkt. Wir verdeutlichen dies an einem einfach zu überblickenden Spezialfall: Wir setzen Resonanz voraus und nehmen an, daß die Messungen gerade zu den Zeiten $t_m = \frac{1}{2}\, m t^{(\max)}$ $(m = 1, 2, 3, \ldots)$ erfolgen. Nach der ersten Messung zur Zeit t_1 befindet sich das Atom, wie aus Abb. 13 ersichtlich, mit der Wahrscheinlichkeit $\frac{1}{2}$ im oberen und mit gleicher Wahrscheinlichkeit im unteren Niveau. Die weitere zeitliche Entwicklung vollzieht sich dann, was die Besetzungswahrscheinlichkeit des unteren Niveaus angeht, gemäß der Kurve *a* in Abb. 13, wobei man im ersten Fall von einem Minimum (etwa bei $t = 0$) und im zweiten von einem Maximum (etwa bei $t = t^{(\max)}$) auszugehen hat. Nachdem die

Zeit $\frac{1}{2} t^{(\max)}$ verstrichen ist, also im Zeitpunkt $t_2 = t^{(\max)}$ der zweiten Messung, gilt in beiden Fällen wieder $|b_1(t_2)|^2 = \frac{1}{2}$, d. h., unabhängig vom Ausgang der ersten Messung wird bei der zweiten Messung das Atom wieder mit 50prozentiger Wahrscheinlichkeit im angeregten Zustand angetroffen, während bei einer durch keinerlei Messungen gestörten zeitlichen Entwicklung des Atoms die letztgenannte Wahrscheinlichkeit gleich Null wird. Die analoge Diskrepanz tritt zu den Zeiten t_4, t_6 usw. auf, während in den Zeitpunkten t_3, t_5 usw. die Besetzungswahrscheinlichkeiten der Niveaus unabhängig davon sind, ob vorher Messungen stattgefunden haben oder nicht. Wir kommen somit zu der Feststellung, daß die Messungen das oben geschilderte Pendeln des Atoms zwischen den beiden Niveaus verhindern.

Allgemein gesprochen bedeutet jeder Meßakt bekanntlich eine Ausreduktion der Wellenfunktion, die in unserem Fall folgendermaßen zu kennzeichnen wäre: Im Zeit„punkt“ t' der ersten Messung ist die Wellenfunktion $\psi(t') = b_1(t')\,\varphi_1 + b_2(t')\,\varphi_2$ durch die Dichtematrix

$$\varrho(t') = \begin{pmatrix} |b_1(t')|^2 & 0 \\ 0 & |b_2(t')|^2 \end{pmatrix} \tag{1.44}$$

zu ersetzen, und analog sind bei einer jeden weiteren Messung die Nichtdiagonalelemente von ϱ (die sich in den Zwischenzeiten gemäß der SCHRÖDINGER-Gleichung ausgebildet haben) gleich Null zu setzen. Mit anderen Worten, durch jede Messung werden die Phasenbeziehungen zwischen den Wahrscheinlichkeitsamplituden b_1 und b_2 zerstört, und man erkennt, daß gerade sie für den reversiblen Charakter der Lösung verantwortlich sind.

Im Resonanzfall b ($\Delta\omega = 0$) lautet der Ausdruck für W

$$W = \sqrt{|K|^2 - \left(\frac{\gamma_{21}}{4}\right)^2}\,. \tag{1.45}$$

Offenbar beschreibt (1.37) ein im Laufe der Zeit exponentiell abklingendes Pendeln des Atoms zwischen den beiden Niveaus (s. Abb. 14), das die Konkurrenz zwischen den durch das Strahlungsfeld verursachten Emissions- bzw. Absorptionsprozessen und den Relaxationsvorgängen (bei denen das Atom aus unserer Betrachtung, die sich ja

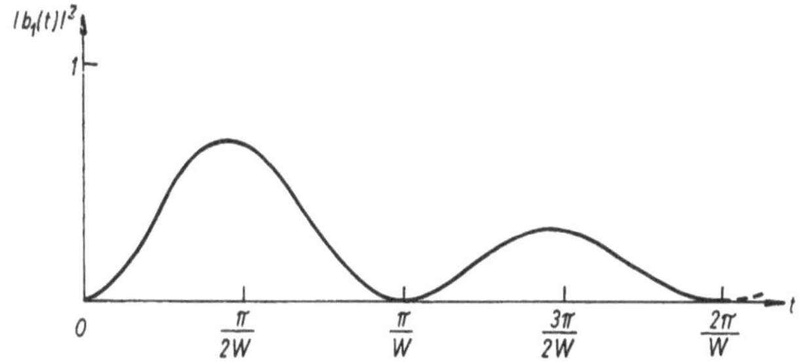

Abb. 14. Die gleiche Aufenthaltswahrscheinlichkeit wie in Abb. 13 für den Fall, daß Relaxationsvorgänge stattfinden und Resonanz vorliegt. Die Kurve entspricht dem Wert $1{,}6/\pi$ für das Verhältnis $(\gamma_1 + \gamma_2)/W$ mit

$$W = \sqrt{|K|^2 - \left(\frac{\gamma_{21}}{4}\right)^2}$$

nur auf die beiden Niveaus $j = 1{,}2$ konzentriert, verschwindet) zum Ausdruck bringt. Wie man sieht, gehen die beiden Übergangswahrscheinlichkeiten γ_1 und γ_2 für die Relaxationsprozesse symmetrisch in die Abklingkonstante ein entsprechend der Tatsache, daß eine Entleerung nicht nur des Niveaus 1 selbst, sondern auch des anderen Niveaus 2 durch Relaxationen zu einer Verkleinerung der Besetzungswahrscheinlichkeit für das Niveau 1 führt.

Die Zeit, zu der das erste Maximum von $|b_1|^2$ erreicht wird, ergibt sich nunmehr zu

$$t^{(\max)} = \frac{\pi}{2\sqrt{|K|^2 - \left(\frac{\gamma_{21}}{4}\right)^2}}\,. \tag{1.46}$$

Die Periodendauer des Pendelungsvorganges wird also mit wachsendem Wert von $|\gamma_2 - \gamma_1|$ immer größer, das Pendeln erfolgt langsamer. Die Relaxationsvorgänge beeinflussen demnach das zeitliche Verhalten des Atoms im vorgegebenen elektromagnetischen Feld in deutlich anderer Weise als eine Verstimmung der Frequenz, die nach dem Obigen zu einem schnelleren Pendeln des Atoms zwischen den beiden Niveaus Anlaß gibt.

Aufschlußreicher als die Besetzungswahrscheinlichkeiten für die Atomniveaus ist für den Ausstrahlungsvorgang das elektrische Dipolmoment des Atoms, dessen Verhalten man in der hier betrachteten semiklassischen Theorie bereits am quantenmechanischen Erwartungswert des elektrischen Dipoloperators $\boldsymbol{D}$ studieren kann, was wir im folgenden tun wollen.

Offenbar läßt sich der mit der Wellenfunktion (1.2) gebildete Erwartungswert von $\boldsymbol{D}$ (für einen reellen Wert des Matrixelementes $\boldsymbol{D}_{12}$) allgemein schreiben als

$$\langle \boldsymbol{D} \rangle = b_1^* b_2 \boldsymbol{D}_{12} + \text{Konj. Kompl.} = 2 \boldsymbol{D}_{12} \operatorname{Re} \{ b_1^* b_2 \} . \tag{1.47}$$

Durch Einsetzen der obigen Lösung für b_1 und b_2 (s. Gln. (1.18) sowie (1.33′) und (1.34′)) entsteht daraus

$$\langle \boldsymbol{D} \rangle = \boldsymbol{D}_{12} K_0 e^{-\frac{\gamma_1+\gamma_2}{2} t} \operatorname{Re} \left\{ \frac{i}{W} e^{-i(\omega t + \varphi)} \times \left[\sin 2 W t + i \frac{\Omega}{W} \sin^2 W t \right] \right\} \tag{1.48}$$

mit K_0 gemäß Gl. (1.11) oder, unter Beachtung von (1.24) und (1.19),

$$\langle \boldsymbol{D} \rangle = \boldsymbol{D}_{12} K_0 e^{-\frac{\gamma_1+\gamma_2}{2} t} \operatorname{Re} \left\{ \frac{i}{W} e^{-i(\omega t + \varphi)} \times \left[\sin 2 W t - \frac{\gamma_{21}}{2 W} \sin^2 W t \right] - e^{-i(\omega t + \varphi)} \frac{\Delta \omega}{W^2} \sin^2 W t \right\} . \tag{1.49}$$

Da wir wieder nur die obigen beiden Spezialfälle a und b betrachten wollen, ist W als (positiv) reell anzusehen, und wir gelangen schließlich zu folgendem Ausdruck für $\langle \boldsymbol{D} \rangle$

$$\langle \boldsymbol{D} \rangle = \frac{\boldsymbol{D}_{12} K_0}{W} e^{-\frac{\gamma_1+\gamma_2}{2}t} \Bigg\{ \sin(\omega t + \varphi) \times \left[\sin 2\,W t - \frac{\gamma_{21}}{2\,W} \sin^2 W t \right] - \cos(\omega t + \varphi) \frac{\Delta \omega}{W} \sin^2 W t \Bigg\} \tag{1.50}$$

(der also, um es noch einmal deutlich zu sagen, nur gültig ist, wenn wenigstens eine der beiden Größen γ_{21} und $\Delta\omega$ verschwindet).

Da W in praktischen Fällen sehr klein gegenüber ω ist, können wir das Ergebnis folgendermaßen interpretieren: Das elektrische Dipolmoment des Atoms — genauer, sein quantenmechanischer Erwartungswert — schwingt mit der Frequenz des äußeren Feldes, wobei zusätzlich eine Amplitudenmodulation auftritt. Im Anfangszeitpunkt $t = 0$ — und darüber hinaus, wie man schon aus Gl. (1.47) unmittelbar erkennt, zu allen Zeiten, in denen entweder b_1 oder b_2 gleich Null ist — verschwindet $\langle \boldsymbol{D} \rangle$; das bedeutet, wenn wir im folgenden etwas lax statt vom quantenmechanischen Erwartungswert des Dipoloperators einfach vom Dipolmoment sprechen, das elektrische Dipolmoment ist nicht von Anfang an vorhanden, sondern wird durch das äußere Feld erst induziert. Seine Amplitude klingt zu solchen Zeiten, in denen sich das Atom mit Sicherheit im oberen oder im unteren Niveau befindet, auf den Wert Null ab und muß sich also anschließend unter dem Einfluß des elektromagnetischen Feldes erst erneut ausbilden. Man sieht daran, welche Konsequenzen ein Eingriff in Form einer Energiemessung am Atom hat; bei einer jeden derartigen Beobachtung wird das Dipolmoment „zerstört", da ja für den Wert von $\langle \boldsymbol{D} \rangle$ gemäß (1.47) gerade die Phasenbeziehungen zwischen den Wahrscheinlichkeitsamplituden für die beiden Niveaus, allgemeiner gesprochen, die Nichtdiagonalelemente der Dichtematrix ϱ für das Atom, bedeutsam sind.

Die Energie des Atoms und das elektrische Dipolmoment stehen in einer Art Komplementaritätsverhältnis zueinander: Falls die Energie scharf ist, verschwindet der Erwartungswert für das Dipolmoment, was man — da der Erwartungswert von $\boldsymbol{D}^2$ für ein Atom im Zustand φ_1 oder φ_2 sicher von Null verschieden ist[1]) — keinesfalls so interpretieren darf, daß schon jede einzelne Messung von $\boldsymbol{D}$ den Wert Null ergibt, sondern vielmehr in der Weise, daß die Messung einer beliebigen Komponente des Vektors $\boldsymbol{D}$ von Fall zu Fall (bei Wiederholung des Experimentes unter den gleichen Bedingungen) verschiedene Werte liefert, wobei ein bestimmter positiver Wert mit der gleichen Häufigkeit vorkommt wie der entsprechende (dem Betrag nach gleiche) negative, so daß der (mit dem quantenmechanischen Erwartungswert zu identifizierende) Mittelwert über sehr viele Messungen gleich Null wird. In diesem Sinne ist dann also auch die oben erwähnte „Zerstörung" des Dipolmomentes durch eine Energiemessung aufzufassen; es wird, genau gesprochen, das phasengerechte Mitschwingen des Dipolmomentes mit dem äußeren Feld (s. u.) zerstört. Andererseits ist nach Gl. (1.47) der Wert von $\langle \boldsymbol{D} \rangle$ betragsmäßig am größten, wenn die Koeffizienten b_1 und b_2 dem Betrag nach übereinstimmen (und überdies ihre Phasen gleich sind oder sich um π unterscheiden), d. h. bei maximaler Unschärfe der Energie des Atoms.

Wir wollen nun den expliziten Ausdruck (1.50) für den Erwartungswert des Dipolmomentes noch etwas näher diskutieren. Da wir die Zeitabhängigkeit des elektrischen Feldes in der Form $\cos(\omega t + \varphi)$ geschrieben haben (s. Gl. (1.8)), repräsentiert der zu $\sin(\omega t + \varphi)$ pro-

---

[1]) Der Integrand des entsprechenden Integrals $e^2 \int |\varphi_j(\boldsymbol{r})|^2\, \boldsymbol{r}^2 d^3 \boldsymbol{r}$ ist offenbar positiv definit.

portionale Term in (1.50) einen in der Phase um $\pm\frac{\pi}{2}$ gegenüber der elektrischen Feldstärke verschobenen Anteil des Dipolmomentes, während der den Faktor $\cos(\omega t + \varphi)$ enthaltende Term einer Phasenverschiebung um 0 oder π entspricht. Im folgenden nennen wir diese beiden Anteile von $\langle \boldsymbol{D} \rangle$ kurz Sinus- bzw. Kosinus-Anteil des Dipolmomentes.

Wir studieren die physikalische Bedeutung dieser Phasenverschiebungen zunächst in dem Fall, daß keine Relaxationsprozesse stattfinden, also in dem obigen Fall a.

Für die Wechselwirkung des Atoms mit dem Strahlungsfeld ist nur die Komponente des Dipolmomentes in Richtung des elektrischen Feldes von Interesse[1]), also nach (1.50) und unter Berücksichtigung der Beziehung (1.11), wenn wir mit E_0 die (als positiv vorausgesetzte) Amplitude der elektrischen Feldstärke gemäß $\boldsymbol{E}_0 = E_0 \boldsymbol{e}$ ($\boldsymbol{e}$ Einheitsvektor) bezeichnen und unter D die Komponente des elektrischen Dipoloperators $\boldsymbol{D}$ in Feldrichtung $\boldsymbol{e}$ ($D = \boldsymbol{D}\boldsymbol{e}$) sowie unter D_{12} das zugehörige Matrixelement $\langle \varphi_1 | D | \varphi_2 \rangle$ $(= \boldsymbol{D}_{12}\boldsymbol{e})$ verstehen, die Größe

$$\langle D \rangle = -\frac{D_{12}^2 E_0}{2\hbar W} \left\{ \sin(\omega t + \varphi) \sin 2Wt - \cos(\omega t + \varphi) \frac{\Delta\omega}{W} \sin^2 Wt \right\}, \qquad (1.51)$$

die für den Resonanzfall in Abb. 15 veranschaulicht ist.

Wir können zunächst feststellen, daß die Amplitude des Dipolmomentes im Fall kleiner Verstimmung $\left((\Delta\omega)^2 \ll 4|K|^2\right)$ praktisch unabhängig von der Amplitude des äußeren Feldes wird, da dann entsprechend

[1]) Bei statistischer Orientierung des Vektors $\boldsymbol{D}_{12}$ verschwinden übrigens die Projektionen von $\langle \boldsymbol{D} \rangle$ auf die zu $\boldsymbol{E}$ senkrechten Richtungen, weil sie nach Gl. (1.49) linear in der entsprechenden Komponente von $\boldsymbol{D}_{12}$ sind.

Gl. (1.38) die Größe W in guter Näherung proportional zu E_0 ist. Die Intensität des äußeren Feldes wirkt sich in erster Linie auf die Periodendauer der Amplitudenmodulation aus, und zwar führen nach Gl. (1.38) größere Werte von E_0 zu einer Verkürzung dieser Periodendauer.

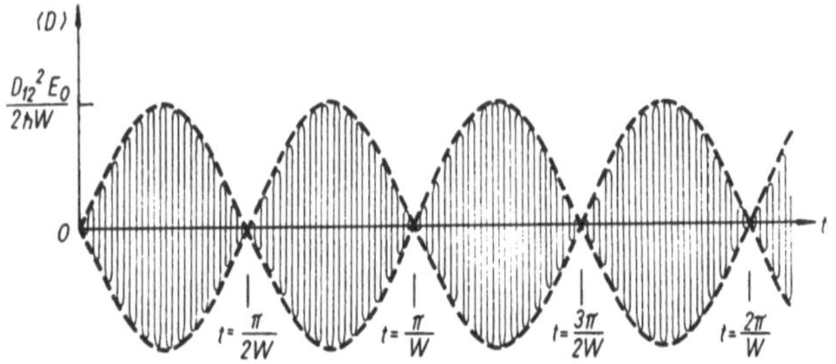

Abb. 15. Schematische Darstellung des zeitlichen Verhaltens der Komponente $\langle D \rangle$ des elektrischen Dipolmomentes in Feldrichtung für den Fall der Resonanz und bei Fehlen von Relaxationsprozessen. (Die hochfrequenten Oszillationen finden in Wirklichkeit viel schneller statt).

Wir betrachten nun den Sinus-Anteil von $\langle D \rangle$, der offenbar (bei nicht zu großer Verstimmung) den Hauptanteil der Projektion des Dipolmomentes auf die Feldrichtung ausmacht, etwas genauer. Offenbar ist der Faktor $\sin 2Wt$ im Zeitintervall I_1: $0 < t < t^{(\max)}$ $\left(\text{mit } t^{(\max)}\right.$ gemäß $\left.(1.39)\right)$ positiv, im folgenden Zeitintervall I_2: $t^{(\max)} < t < 2t^{(\max)}$ negativ, anschließend wieder positiv usf. Das bedeutet, während I_1 hat wegen $-\sin a = \cos\left(\alpha + \frac{\pi}{2}\right)$ die Phase des Sinus-Anteils von $\langle D \rangle$ (relativ zur Phase der elektrischen Feldstärke) den Wert $\frac{\pi}{2}$, während I_2 den Wert $-\frac{\pi}{2}$, und so geht es abwechselnd weiter. Die genannten Phasenbeziehungen lassen sich nun sehr leicht verstehen, wenn man die vom Strahlungsfeld während eines infinitesimalen Zeitintervalls

$t \dots t + \delta t$ im Mittel am Atom geleistete Arbeit δA betrachtet (wobei sich die Mittelung — entsprechend der Bildung des quantenmechanischen Erwartungswertes — auf ein Ensemble von in gleicher Weise vorbehandelten Atomen bezieht).

Wir berechnen δA, indem wir von der klassischen Formel

$$\delta A = e\boldsymbol{E}\,\delta\boldsymbol{r} = e\boldsymbol{E}\dot{\boldsymbol{r}}\,\delta t = \boldsymbol{E}\dot{\boldsymbol{D}}_{\text{klass}}\,\delta t \tag{1.52}$$

— mit $\boldsymbol{r}$ als klassischer Ortskoordinate für die (punktförmig gedachte) Ladung e — ausgehen und das klassische Dipolmoment $\boldsymbol{D}_{\text{klass}}$ mit dem quantenmechanischen Erwartungswert des Dipoloperators identifizieren, d. h., wir schreiben

$$\delta A = \boldsymbol{E}\,\frac{\partial}{\partial t}\langle\boldsymbol{D}\rangle\,\delta t = E_0\cos(\omega t + \varphi)\,\frac{\partial}{\partial t}\langle D\rangle\,\delta t\,. \tag{1.53}$$

Bilden wir unter Zugrundelegung von Gl. (1.51) die zeitliche Ableitung von $\langle D\rangle$ und berücksichtigen dabei nur die hochfrequente Zeitabhängigkeit, so entsteht durch Einsetzen des Ergebnisses in Gl. (1.53)

$$\delta A = -\frac{(D_{12}E_0)^2\,\omega}{2\hbar W}\cos(\omega t + \varphi)$$
$$\times\left\{\cos(\omega t + \varphi)\sin 2Wt + \sin(\omega t + \varphi)\,\frac{\Delta\omega}{W}\sin^2 Wt\right\}\delta t\,. \tag{1.54}$$

Hieran erkennt man zunächst, daß der Kosinus-Anteil von $\langle D\rangle$ für den Energieaustausch zwischen Atom und Strahlungsfeld keine Rolle spielt: Der zugehörige Term in Gl. (1.54) verschwindet ja bei Integration über den — im Verhältnis zu $t^{(\max)}$ außerordentlich kurzen — Zeitraum einer halben Lichtperiode, elektrotechnisch gesprochen gibt er also nur Anlaß zu einer Blindleistung. Für die Wirkleistung

$$L^{(\mathrm{wirk})} \equiv \frac{\delta A^{(\mathrm{wirk})}}{\delta t} = -\frac{(D_{12}E_0)^2\,\omega}{2\hbar W} \sin 2\,Wt \cos^2(\omega t + \varphi)$$
$$\approx -2\hbar W\omega \sin 2\,Wt \cos^2(\omega t + \varphi) \quad \text{für} \quad (\Delta\omega)^2 \ll 4|K|^2 \tag{1.55}$$

ist somit nur der Sinus-Anteil von $\langle D\rangle$ verantwortlich, und wir sehen, daß $L^{(\mathrm{wirk})}$ im ersten Intervall I_1 negativ, im folgenden Intervall I_2 positiv ist usf., d. h., während I_1 leistet in Wahrheit das Atom (in jedem Augenblick) am Feld Arbeit, vergrößert also den Energieinhalt des Feldes, und während I_2 ist es umgekehrt, das Feld gibt Energie an das Atom ab; kurz gesagt, das Atom emittiert und absorbiert abwechselnd Strahlungsenergie. Dieser Sachverhalt steht in genauer Parallele zu dem oben geschilderten „Pendeln" des Atoms zwischen den beiden Niveaus: im Zeitraum I_1 geht das Atom vom oberen in das tiefere Niveau über, im anschließenden Zeitintervall I_2 vollzieht sich der umgekehrte Übergang usf. Der Vorzeichenwechsel der relativen Phase zwischen dem Sinus-Anteil von $\langle D\rangle$ und der elektrischen Feldstärke zeigt offenbar die Änderung des Charakters des Wechselwirkungsvorganges zwischen Atom und Strahlungsfeld an: eine Emissionsphase geht über in eine Absorptionsphase und umgekehrt.

Berechnen wir noch die während des gesamten Zeitraums I_1 vom Atom an das Strahlungsfeld abgegebene Energie ΔU, so ergibt sich nach (1.55) für den Fall kleiner Verstimmung

$$\Delta U = -\Delta A = -\int_0^{t^{(\max)}} L^{(\mathrm{wirk})}\,\mathrm{d}t$$
$$= 2\hbar\omega W \int_0^{\frac{\pi}{2W}} \sin 2\,Wt \cos^2(\omega t + \varphi)\,\mathrm{d}t. \tag{1.56}$$

Da der zweite Faktor des Integranden im Integrationsintervall sehr viele Oszillationen ausführt, der andere Faktor dagegen sich nur sehr langsam ändert, können wir den erstgenannten näherungsweise durch seinen zeitlichen Mittelwert $\frac{1}{2}$ ersetzen und erhalten so

$$\Delta U = \hbar \omega W \int_0^{\frac{\pi}{2W}} \sin 2 W t \, \mathrm{d}t = \hbar \omega \frac{1}{2} \int_0^{\pi} \sin x \, \mathrm{d}x = \hbar \omega , \tag{1.57}$$

also erfreulicherweise gerade die Energie eines Photons.

Damit erfährt das klassische Bild einer zeitlich kontinuierlichen Ausstrahlung bzw. Absorption (entsprechend dem kontinuierlich erfolgenden Energieaustausch zwischen Atom und Strahlungsfeld gemäß Gl. (1.55)) eine gewisse Rechtfertigung, und man kann so sagen: Ein quantenmechanisches Ensemble von Atomen verhält sich in Wechselwirkung mit einem äußeren elektromagnetischen Feld wie eine klassische Gesamtheit von Atomen, deren elektrisches Dipolmoment gleich dem quantenmechanischen Erwartungswert des Dipoloperators ist. Dieses Bild ist nach dem Obigen nur so lange richtig, als das einzelne Atom keinen weiteren Störungen ausgesetzt ist, die sich — im Prinzip jedenfalls — für eine Messung der Energie des Atoms ausnutzen ließen, mit deren Hilfe man also feststellen könnte, ob sich das Atom zu einer bestimmten Zeit in dem oberen oder dem tieferen Niveau befindet oder, was daraus folgt, ob ein Photon „wirklich" (als Ganzes!) emittiert wurde oder nicht.

Richten wir zum Schluß unser Augenmerk noch kurz auf den Resonanzfall b, so sehen wir zunächst, daß das elektrische Dipolmoment $\langle \boldsymbol{D} \rangle$, das nach Gl. (1.50)

$$\langle \boldsymbol{D} \rangle = \frac{\boldsymbol{D}_{12} K_0}{W} e^{-\frac{\gamma_1+\gamma_2}{2} t} \left[\sin 2 W t - \frac{\gamma_{21}}{2 W} \sin^2 W t \right] \times \sin(\omega t + \varphi) \tag{1.58}$$

lautet, durch die Relaxationsprozesse exponentiell gedämpft wird (s. Abb. 16), was ohne weiteres einleuchtet.

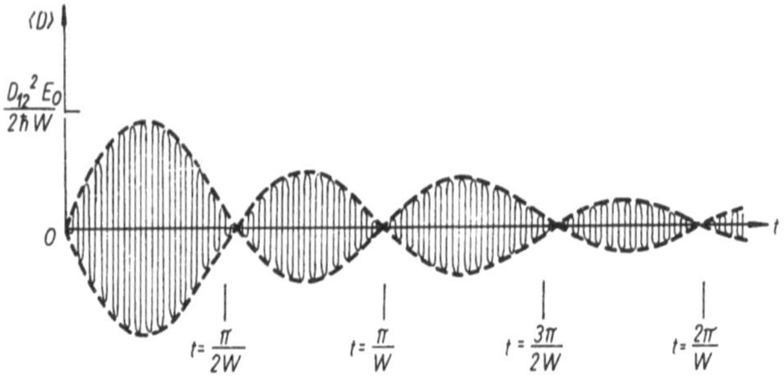

Abb. 16. Dämpfung des elektrischen Dipolmomentes durch Relaxationsprozesse. Das Abklingen entspricht den Parameterwerten $\gamma_1 = 1{,}6\ W/\pi$ und $\gamma_2 = 0$

Die entsprechende Abklingkonstante ist dabei die gleiche wie für die Besetzungswahrscheinlichkeiten der Atomniveaus (vgl. (1.37)). Weiterhin geben die Relaxationen (im Gegensatz zu einer Verstimmung) nicht zu einem Kosinus-Anteil des Dipolmomentes Anlaß; eine Blindleistung des elektrischen Feldes am Atom tritt daher nur im Fall einer Verstimmung auf. Schließlich erkennt man aus Gl. (1.58), daß bei Überwiegen eines Relaxationsprozesses gegenüber dem anderen ($\gamma_{21} \neq 0$) die Emissions- und die Absorptionsphase des Atoms nicht mehr gleich lange andauern. (Im Fall $\gamma_{21} > 0$ wird die erste Nullstelle der eckigen Klammer — nach dem anfänglichen Verschwinden bei $t = 0$ — früher erreicht als zur Zeit $t^{(\max)}$ (Gl. (1.46)), d. h., die Emissionsphase des Atoms ist kürzer als die Absorptionsphase, und das Umgekehrte gilt für $\gamma_{21} < 0$.)

4.2. *Die Grundkonzeption der Theorie*

Im Fall des Lasers werden durch den Pumpmechanismus stets aufs neue Atome in das obere Laserniveau $j = 2$ gehoben, d. h., die Anfangsbedingung (1.31) wird für verschiedene Atome zu verschiedenen Zeiten t_0 realisiert. Wie im vorhergehenden Abschnitt gezeigt wurde, bildet jedes Atom unter dem Einfluß des Strahlungsfeldes ein elektrisches Dipolmoment $\langle \boldsymbol{D} \rangle$ aus, das mit der Frequenz des elektromagnetischen Feldes oszilliert. Die Amplitude von $\langle \boldsymbol{D} \rangle$ ist dabei selbst noch zeitlich moduliert und klingt überdies wegen der stattfindenden Relaxationsprozesse exponentiell ab. Das in einem Volumenelement δV mit dem Mittelpunkt $\boldsymbol{r}$ zu einer Zeit t vorhandene Gesamtdipolmoment $\delta \boldsymbol{D}(\boldsymbol{r}, t)$, das sich aus den Beiträgen $\langle \boldsymbol{D} \rangle$ aller Atome zusammensetzt, die sich im Zeitpunkt t im Raumbereich δV befinden und zu irgendeiner früheren Zeit $t_0 \leq t$ in das obere Laserniveau gepumpt wurden, repräsentiert jedoch (bei zeitlich konstantem Pumpen) einen *stationären*, d. h. mit konstanter Amplitude ablaufenden Schwingungsvorgang der aktiven Atome, dessen Frequenz mit der des Strahlungsfeldes übereinstimmt. Die Einwirkung des Strahlungsfeldes auf die Atome führt somit im stationären Laserbetrieb zu einer mit der Frequenz des Feldes schwingenden Polarisation $\boldsymbol{P}(\boldsymbol{r}, t)$ des Mediums, die bekanntlich als elektrisches Dipolmoment pro Volumeneinheit, also durch die Beziehung

$$\boldsymbol{P}(\boldsymbol{r}, t) = \frac{\delta \boldsymbol{D}(\boldsymbol{r}, t)}{\delta V} \tag{2.1}$$

definiert ist. Die Amplitude der Polarisation ist dabei eine Funktion der elektrischen Feldstärke, wie wir noch im einzelnen sehen werden.

Andererseits wird aber beim Laser das bisher als vorgegeben angesehene (etwa als von außen eingestrahlt gedachte) elektromagnetische Feld von den Atomen selbst erzeugt, und wir können diesen Vorgang in einfachster Form klassisch, d. h. unter Zuhilfenahme der Maxwellschen Gleichungen beschreiben. Bei vorgegebener Polarisation liefern letztere das zugehörige elektromagnetische Feld.

Damit ist klar, wie man das in einem stationär laufenden Laser vorhandene Strahlungsfeld berechnen kann: Man macht zunächst einen Ansatz für die elektrische Feldstärke $\boldsymbol{E}(\boldsymbol{r}, t)$, bei dem die Amplitude und (im Fall einer frequenzmäßigen Verstimmung zwischen den Atomen und dem Resonator) auch die Frequenz als noch zu bestimmende Parameter aufzufassen sind, und berechnet damit in einem ersten Schritt die Polarisation $\boldsymbol{P}(\boldsymbol{r}, t)$ des Mediums, die von den genannten beiden Parametern abhängt. In einem zweiten Schritt setzt man den erhaltenen Ausdruck für $\boldsymbol{P}(\boldsymbol{r}, t)$ in die MAXWELLschen Gleichungen ein. Die daraus als Lösung sich ergebende elektrische Feldstärke muß dann — gemäß der Tatsache, daß das im Laserresonator vorhandene Strahlungsfeld durch die ständige Ausstrahlung der Atome, genauer, durch das Zusammenspiel von induzierter Emission, Absorption und (den Resonatorverlusten entsprechendem) Verlustmechanismus zustande kommt — mit der anfangs angesetzten übereinstimmen. Diese Forderung legt dann Amplitude und Frequenz des elektromagnetischen Feldes fest. Dies ist das Prinzip der LAMBschen Theorie des Lasers, die wir zur Verdeutlichung der Methode erst einmal für den einfachsten Fall, nämlich für ruhende, mit der einen als angeregt vorausgesetzten Resonatoreigenschwingung in Resonanz befindliche Atome diskutieren wollen. Wir nehmen weiterhin der Einfachheit halber an, daß die genannte Eigenschwingung des Strahlungsfeldes in guter Näherung durch eine laufende (statt durch eine stehende) ebene Welle repräsentiert wird.[1])

Wir beginnen mit der Berechnung der Polarisation $\boldsymbol{P}(\boldsymbol{r}, t)$ und betrachten zuerst ein Atom am Orte $\boldsymbol{r}$,

---

[1]) Die Möglichkeit einer experimentellen Realisierung einer laufenden elektromagnetischen Welle in einem Laser bietet sich bei einem Ringlaser, d. h. einem Laser mit einer solchen Anordnung von Spiegeln, daß der Lichtweg einen geschlossenen Polygonzug darstellt, indem man beispielsweise durch Rotation des Lasers dafür sorgt, daß die Resonanzfrequenzen für die zwei (den beiden möglichen Umlaufsrichtungen entsprechenden) gegeneinanderlaufenden Wellen verschieden werden.

das sich infolge eines Pump„aktes“ im Zeitpunkt t_0 im oberen Niveau befindet. Wir zählen zweckmäßig die Zeit von t_0 aus, führen also die Zeitkoordinate

$$t' = t - t_0 \tag{2.2}$$

ein, und können dann für die elektrische Feldstärke, die wir in der Form

$$\boldsymbol{E}(\boldsymbol{r}, t) = \boldsymbol{E}_0 \cos(\omega t - \boldsymbol{k}\boldsymbol{r}) \tag{2.3}$$

ansetzen, schreiben

$$\boldsymbol{E}(\boldsymbol{r}, t) = \boldsymbol{E}_0 \cos(\omega t' + \varphi) \quad \text{mit} \quad \varphi = \omega t_0 - \boldsymbol{k}\boldsymbol{r}. \tag{2.3'}$$

Damit haben wir den Ausdruck für die am Orte des Atoms herrschende elektrische Feldstärke auf die frühere Form (1.8) gebracht und können so das in Abschn. 4.1 hergeleitete Resultat (1.58) ohne weiteres übernehmen:

$$\langle \boldsymbol{D} \rangle_{\boldsymbol{r}, t_0} = \frac{\boldsymbol{D}_{12} K_0}{W} e^{-\frac{\gamma_1 + \gamma_2}{2}(t - t_0)} \Bigg[\sin 2W(t - t_0) - \frac{\gamma_{21}}{2W} \sin^2 W(t - t_0) \Bigg] \sin(\omega t - \boldsymbol{k}\boldsymbol{r}) \quad (t \geq t_0), \tag{2.4}$$

wobei wir durch die Indizes $\boldsymbol{r}$ und t_0 noch die charakteristischen Daten des einen herausgegriffenen Atoms explizit vermerkt haben. Wir erinnern dabei daran, daß die vorstehende Gleichung im Fall $\gamma_{21} \neq 0$ nur für nicht zu kleine Intensitäten des Strahlungsfeldes gilt; es wurde ja bei ihrer Herleitung das Bestehen der Ungleichung (1.36) vorausgesetzt.

Beschreiben wir den Pumpvorgang wie in Kapitel 3 durch die (zeitlich konstante) Pumprate R_2 (die definiert ist als die Gesamtzahl der Atome, die durch den Pumpmechanismus pro Zeiteinheit in den angeregten

Zustand versetzt werden), so werden — unter der Annahme, daß an allen Orten innerhalb der aktiven Substanz vom Volumen V mit gleicher Stärke gepumpt wird — im Volumenelement δV während des Zeitintervalls $t_0 \cdots t_0 + dt_0$ also $(R_2/V)\,\delta V\, dt_0$ Atome in das obere Niveau gehoben, und das in δV zur Zeit t vorhandene gesamte elektrische Dipolmoment lautet

$$\delta \boldsymbol{D}(\boldsymbol{r}, t) = \frac{R_2}{V}\,\delta V \int_{-\infty}^{t} \mathrm{d} t_0 \,\langle \boldsymbol{D} \rangle_{\boldsymbol{r},\, t_0}, \tag{2.5}$$

d. h., die Polarisation des Mediums ergibt sich zu

$$\begin{aligned} \boldsymbol{P}(\boldsymbol{r}, t) &= \frac{\boldsymbol{D}_{12} K_0 R_2}{W V} \sin(\omega t - \boldsymbol{k r}) \int_{-\infty}^{t} \mathrm{d} t_0 \, e^{-\frac{\gamma_1+\gamma_2}{2}(t - t_0)} \\ &\quad \times \left[\sin 2W(t - t_0) - \frac{\gamma_{21}}{2W} \sin^2 W(t - t_0)\right] \\ &= \frac{\boldsymbol{D}_{12} K_0 R_2}{W V} \sin(\omega t - \boldsymbol{k r}) \int_{0}^{\infty} \mathrm{d} t' \, e^{-\frac{\gamma_1+\gamma_2}{2} t'} \\ &\quad \times \left[\sin 2 W t' - \frac{\gamma_{21}}{2W} \sin^2 W t'\right]. \end{aligned} \tag{2.6}$$

Führen wir die Integration über t' aus, so erhalten wir unter Verwendung der Hilfsformeln

$$\int_0^\infty e^{-\alpha t} \sin w t \,\mathrm{d} t = \frac{w}{w^2 + \alpha^2} \qquad (\alpha > 0), \tag{2.7}$$

$$\int_0^\infty e^{-\alpha t} \sin^2 w t \,\mathrm{d} t = \frac{2 w^2}{\alpha(\alpha^2 + 4 w^2)} \qquad (\alpha > 0) \tag{2.8}$$

(s. z. B. [29]) das folgende Resultat

$$\boldsymbol{P}(\boldsymbol{r}, t) = \frac{\boldsymbol{D}_{12} K_0 R_2}{V} \frac{2}{\left(\frac{\gamma_1 + \gamma_2}{2}\right)^2 + 4 W^2} \times \left\{1 - \frac{\gamma_{21}}{\gamma_1 + \gamma_2}\right\} \sin(\omega t - \boldsymbol{k}\boldsymbol{r}) \tag{2.9}$$

oder, unter Beachtung von Gl. (1.45),

$$\boldsymbol{P}(\boldsymbol{r}, t) = \frac{\boldsymbol{D}_{12} K_0 R_2}{V} \frac{\gamma_1}{\gamma_1 + \gamma_2} \frac{4}{4 K_0^2 + \gamma_1 \gamma_2} \sin(\omega t - \boldsymbol{k}\boldsymbol{r}). \tag{2.10}$$

Für die Wechselwirkung zwischen den Atomen und dem Strahlungsfeld ist die Projektion P von $\boldsymbol{P}$ auf die Richtung $\boldsymbol{e}$ des elektrischen Feldes maßgebend[1]), also unter Berücksichtigung von (1.11) die Größe

$$P = S \sin(\omega t - \boldsymbol{k}\boldsymbol{r}) \quad \text{mit}$$

$$S = -\frac{D_{12}^2 R_2}{2\hbar V} \frac{\gamma_1}{\gamma_1 + \gamma_2} \frac{4 E_0}{4 K_0^2 + \gamma_1 \gamma_2}, \tag{2.11}$$

wobei der Buchstabe S darauf hindeuten soll, daß es sich um den Sinus-Anteil von P handelt (der in dem hier betrachteten Resonanzfall bereits die gesamte Polarisation in Feldrichtung ausmacht).

Man sieht aus Gl. (2.11), daß die Amplitude der Polarisation für kleine Werte $|K_0|$ — nämlich solche, für die $4 K_0^2 \ll \gamma_1 \gamma_2$ gilt — genähert linear mit der Amplitude E_0 der elektrischen Feldstärke anwächst; die

[1]) Wie für das mittlere Dipolmoment eines einzelnen Atoms (s. Fußnote 1, S. 105) gilt natürlich auch für die Polarisation, daß bei statistischer Orientierung der Atome überhaupt nur die Komponente in Feldrichtung von Null verschieden ist.

Polarisation ist also um so größer und die Ausstrahlung dementsprechend um so stärker, je größer die bereits vorhandene elektrische Feldstärke ist. Eine ganz andere Abhängigkeit der Polarisation von E_0 liegt jedoch im Fall großer Intensitäten des Strahlungsfeldes ($4K_0^2 \gg \gamma_1\gamma_2$) vor. Hier nimmt die Amplitude der Polarisation offenbar näherungsweise wie $1/E_0$ ab.

Dieses Verhalten der Polarisation wird verständlich, wenn man sich den im vorhergehenden Abschnitt erläuterten Wechsel von Emissions- und Absorptionsphasen für die einzelnen Atome vor Augen hält. Da der Übergang von der einen Phase zu der anderen, wie dort gezeigt, mit einem Vorzeichenumschlag der Amplitude des elektrischen Dipolmomentes verbunden ist, mittelt sich das Gesamtdipolmoment $\delta \boldsymbol{D}$ der in einem Volumenelement δV befindlichen Atome praktisch weg, wenn in der Zeit, welche die Relaxationsprozesse dem Atom zum „Mitschwingen" mit dem äußeren Feld lassen, mehrere Emissions- und Absorptionsphasen aufeinanderfolgen (die Emissionsphase des einen Atoms fällt mit der Absorptionsphase eines anderen Atoms zusammen). Dieser Fall liegt bei großen Intensitäten des Strahlungsfeldes vor. Nur wenn die Zeitdauer der ersten Phase der Wechselwirkung zwischen Atom und Strahlungsfeld (die ja, da es sich um in das obere Niveau gepumpte Atome handelt, stets Emissionscharakter besitzt) größer ist als die den Relaxationsprozessen entsprechenden mittleren Lebensdauern der beiden Laserniveaus — was bei kleinen Intensitäten des elektromagnetischen Feldes der Fall ist —, haben die Beiträge der einzelnen Atome zum Gesamtdipolmoment $\delta \boldsymbol{D}$ das gleiche Vorzeichen, und es kommt zur Ausbildung einer großen Amplitude des Dipolmomentes $\delta \boldsymbol{D}$ und damit auch der Polarisation $\boldsymbol{P}(\boldsymbol{r}, t)$.

Wir berechnen nun die vom System der Atome auf Grund ihres (durch die Polarisation $\boldsymbol{P}$ repräsentierten) Oszillierens ausgestrahlte Energie. Entsprechend Gl. (1.53) gilt für die Ausstrahlungsleistung der im Volumenelement δV befindlichen aktiven Atome

$$\frac{\delta U}{\delta t} = -\frac{\delta A}{\delta t} = -\boldsymbol{E}\frac{\partial}{\partial t}(\delta \boldsymbol{D}) = -\boldsymbol{E}\dot{\boldsymbol{P}}\,\delta V. \quad (2.12)$$

(Das negative Vorzeichen bei $\delta A/\delta t$ tritt deswegen auf, weil δA die vom Feld an den Atomen im Mittel geleistete Arbeit bezeichnet.) Nach Gl. (2.11) ist somit die gesamte Strahlungsleistung $L^{(At)}$ des Systems der Atome gegeben durch

$$L^{(At)} = -\int_V \boldsymbol{E}\dot{\boldsymbol{P}}\, d^3\boldsymbol{r} = \frac{D_{12}^2 R_2 \omega}{2\hbar V} \frac{\gamma_1}{\gamma_1 + \gamma_2} \frac{4 E_0^2}{4 K_0^2 + \gamma_1 \gamma_2} \times \int_V \cos^2(\omega t - \boldsymbol{k}\boldsymbol{r})\, d^3\boldsymbol{r}$$
$$= \frac{D_{12}^2 R_2 \omega}{\hbar} \frac{\gamma_1}{\gamma_1 + \gamma_2} \frac{E_0^2}{4 K_0^2 + \gamma_1 \gamma_2}$$
$$\left(K_0 = -\frac{D_{12} E_0}{2\hbar} \quad \text{gemäß (1.11)}\right). \quad (2.13)$$

Wir bemerken zunächst, daß diese Größe positiv ist, wie es im Fall des Lasers ja auch sein muß.

Nach Gl. (2.13) wächst somit die mittlere Leistung der Atome für kleine Werte von E_0 proportional zu E_0^2 an und nähert sich für große Werte E_0 asymptotisch einem konstanten Wert. Als Funktion von E_0^2 stellt die Größe $L^{(At)}$ anfangs eine Gerade dar, die später in eine Waagerechte einmündet (s. Abb. 17).

Die Existenz einer oberen Grenze für $L^{(At)}$ ist, vom quantenmechanischen Standpunkt gesehen, sofort verständlich, da die angeregten Atome, auch wenn sie noch so sehr „stimuliert" werden, nicht mehr tun können, als jeweils ein Photon auszustrahlen.

Nun dient bei einem stationär laufenden Laser die von den Atomen (im Wechselspiel von induzierter Emission und Absorption) emittierte Energie gerade dazu, die Verluste des Strahlungsfeldes zu decken. Letztere sind proportional zu der im Resonator vorhandenen elektromagnetischen Energie $U_{(\mathrm{Feld})}$, wobei der Proportionalitätsfaktor die Bedeutung der Verlustkonstante $\varkappa$

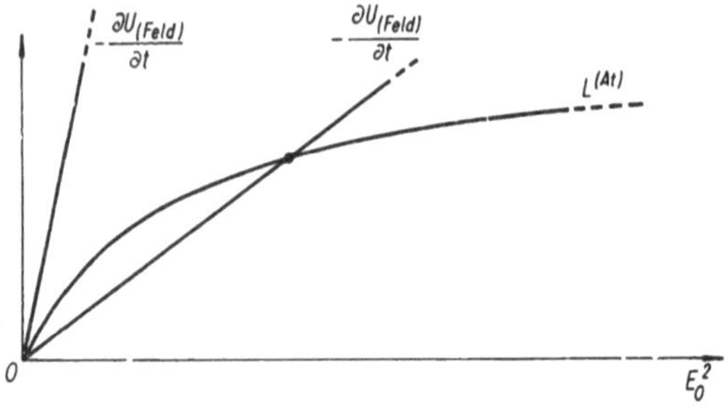

Abb. 17. Strahlungsleistung $L^{(At)}$ der Atome und Energieverluste $-\frac{\partial U_{(\mathrm{Feld})}}{\partial t}$ des Feldes als Funktion von E_0^2. Der Schnittpunkt gibt den Wert von E_0^2 an, der sich im stationären Laserbetrieb einstellt

des Resonators hat (s. Abschn. 3.1). Wir setzen voraus, daß das gesamte Resonatorvolumen von den aktiven Atomen erfüllt ist; dann hat $U_{(\mathrm{Feld})}$ unter Beachtung von (2.3) also den Wert

$$U_{(\mathrm{Feld})} = \frac{1}{8\pi} \int_V (\boldsymbol{E}^2 + \boldsymbol{H}^2)\, d^3\boldsymbol{r} = \frac{1}{4\pi} \int_V \overline{\boldsymbol{E}^2}\, d^3\boldsymbol{r} = \frac{E_0^2 V}{8\pi}, \tag{2.14}$$

wobei der Querstrich Mittelung über eine Lichtperiode andeuten soll. Das Feld erleidet damit in der Zeiteinheit eine Energieänderung

$$\frac{\partial U_{(\mathrm{Feld})}}{\partial t} = -\frac{\varkappa}{8\pi} E_0^2 V, \tag{2.15}$$

die also graphisch (als Funktion von E_0^2) durch eine Gerade wiederzugeben ist (s. Abb. 17).

Eine stationäre Ausstrahlung des Lasers findet dann statt, wenn sich Gewinn und Verlust von Photonen die Waage halten, d. h., wenn gilt

$$L^{(At)} = - \frac{\partial U_{(\mathrm{Feld})}}{\partial t}. \tag{2.16}$$

Das bedeutet in der graphischen Darstellung der Abb. 17, es stellt sich im stationären Laserbetrieb derjenige Wert E_0^2 ein, bei dem die Gerade (außer an der Stelle $E_0^2 = 0$) die gekrümmte Kurve schneidet. Die Anschauung zeigt bereits, daß bei einem zu steilen Anstieg der Geraden (also bei zu großen Resonatorverlusten) ein solcher Schnittpunkt nicht existiert. Wir kommen somit wie bei der Behandlung des Lasers mit Hilfe von Bilanzgleichungen zu einer Schwellenbedingung für den Laserbetrieb: Es muß die Steigung der Geraden kleiner sein als der anfängliche Anstieg der Kurve für $L^{(At)}$, d. h., es muß die Ungleichung

$$\frac{\varkappa V}{8\pi} < \frac{D_{12}^2 R_2 \omega}{\hbar} \frac{1}{\gamma_2(\gamma_1 + \gamma_2)} \tag{2.17}$$

erfüllt sein, damit eine stationäre Ausstrahlung möglich ist. Gl. (2.16) lautet unter Beachtung von (2.13) und (2.15) und nach Division durch E_0^2 explizit

$$\frac{D_{12}^2 R_2 \omega}{\hbar} \frac{\gamma_1}{\gamma_1 + \gamma_2} \frac{1}{4K_0^2 + \gamma_1\gamma_2} = \frac{\varkappa V}{8\pi}, \tag{2.18}$$

woraus man die Intensität des Strahlungsfeldes als Funktion der experimentellen Parameter wie Pumprate, Resonatorverluste usf. ausrechnen kann.

Bis jetzt wurden die Maxwellschen Gleichungen noch gar nicht verwendet. Wir zeigen jedoch, daß letztere (im betrachteten Resonanzfall) tatsächlich nichts weiter liefern als ebenfalls die Gleichung (2.18), welche die Energiebilanz zum Ausdruck bringt.

Wir berücksichtigen in den MAXWELLschen Gleichungen die Resonatorverluste phänomenologisch durch eine (räumlich konstante) fiktive elektrische Leitfähigkeit σ, die formal zu einer Stromdichte $\boldsymbol{J} = \sigma \boldsymbol{E}$ Anlaß gibt. Die MAXWELLschen Gleichungen lauten dann bekanntlich (im GAUSSschen Maßsystem)

$$\operatorname{rot} \boldsymbol{E} = -\frac{1}{c} \frac{\partial \boldsymbol{H}}{\partial t}, \tag{2.19}$$

$$\operatorname{rot} \boldsymbol{H} = \frac{1}{c} \frac{\partial \boldsymbol{D}}{\partial t} + \frac{4\pi}{c} \sigma \boldsymbol{E}, \tag{2.20}$$

wobei $\boldsymbol{D}$ jetzt den Vektor der dielektrischen Verschiebung

$$\boldsymbol{D} = \boldsymbol{E} + 4\pi \boldsymbol{P} \tag{2.21}$$

bezeichnet.

Weiterhin gilt

$$\operatorname{div} \boldsymbol{H} = 0 \tag{2.22}$$

und, da keine elektrische Ladungsdichte vorhanden sein soll, außerdem

$$\operatorname{div} \boldsymbol{D} = 0. \tag{2.23}$$

Wir setzen voraus, daß das elektromagnetische Feld im Innern des Laserresonators allgemein (in guter Näherung jedenfalls) als eine Superposition von transversal polarisierten ebenen Wellen aufgefaßt werden kann (deren Frequenzen sich — als Folge einer Verstimmung zwischen den Atomen und dem Resonator — im allgemeinen von denen der entsprechenden [jeweils zum gleichen Wellenzahlvektor gehörigen] freien Eigenschwingungen des Feldes unterscheiden); dann ist offenbar auch die Beziehung

$$\operatorname{div} \boldsymbol{E} = 0 \tag{2.24}$$

erfüllt.

Wir eliminieren die magnetische Feldstärke $\boldsymbol{H}$, indem wir auf Gl. (2.19) noch einmal die Operation rot anwenden und von Gl. (2.20) Gebrauch machen; es entsteht so unter Beachtung von (2.21)

$$\operatorname{rot}\operatorname{rot}\boldsymbol{E} = -\frac{1}{c}\frac{\partial}{\partial t}(\operatorname{rot}\boldsymbol{H}) = -\frac{1}{c^2}(\ddot{\boldsymbol{E}} + 4\pi\,\ddot{\boldsymbol{P}} + 4\pi\sigma\dot{\boldsymbol{E}}) \tag{2.25}$$

oder, wegen $\operatorname{rot}\operatorname{rot}\boldsymbol{E} = -\Delta\boldsymbol{E}$ (in kartesischen Koordinaten und bei Gültigkeit von (2.24)),

$$\Delta\boldsymbol{E} - \frac{4\pi\sigma}{c^2}\dot{\boldsymbol{E}} - \frac{1}{c^2}\ddot{\boldsymbol{E}} = \frac{4\pi}{c^2}\ddot{\boldsymbol{P}}. \tag{2.26}$$

Die vorstehende Gleichung beschreibt also den Einfluß der Polarisation des Mediums auf die elektrische Feldstärke.

Wir stellen nun noch den Zusammenhang zwischen der Leitfähigkeit σ und den Resonatorverlusten $\varkappa$ her. Dazu studieren wir das zeitliche Abklingen der im Resonator vorhandenen Energie der entsprechenden freien Eigenschwingung des Resonators ($\boldsymbol{P} = 0$). Machen wir für die zugehörige elektrische Feldstärke (in komplexer Schreibweise) den — eine laufende bzw. stehende Welle wiedergebenden — Ansatz

$$\boldsymbol{E} = \boldsymbol{E}_0\, e^{i(\boldsymbol{kr} - \Omega t)} \quad \text{bzw.} \quad \boldsymbol{E} = \boldsymbol{E}_0 \sin \boldsymbol{kr}\, e^{-i\Omega t}, \tag{2.27}$$

so erhalten wir aus Gl. (2.26) die Beziehung

$$\Omega^2 + 4\pi i\,\sigma\Omega - c^2\boldsymbol{k}^2 = 0, \tag{2.28}$$

woraus sich Ω zu

$$\Omega = -2\pi i\sigma \pm \sqrt{c^2\boldsymbol{k}^2 - (2\pi\sigma)^2} \tag{2.29}$$

ergibt.

Da die in praxi vorkommenden Resonatorverluste so klein sind, daß während der Dauer einer Schwingung des Feldes nur eine geringe Dämpfung erfolgt $\left((2\pi)^2\sigma \ll c|\boldsymbol{k}|\right)$, ist die Wurzel in Gl. (2.29) (positiv) reell (näherungsweise gleich der Kreisfrequenz $\omega_0 = c|\boldsymbol{k}|$ im ungedämpften Fall), und die Amplitude von $\boldsymbol{E}$ klingt gemäß der Exponentialfunktion $\exp\{-2\pi\sigma t\}$ ab. Die Energie des im Resonatorvolumen herrschenden elektromagnetischen Feldes fällt somit in der Zeit $\tau = (4\pi\sigma)^{-1}$ auf den e-ten Teil ab, und wir haben daher die Identifikation

$$\varkappa = 4\pi\sigma \tag{2.30}$$

vorzunehmen.

Wir setzen nun in Gl. (2.26) die Ausdrücke (2.3) und (2.11) für die elektrische Feldstärke bzw. die Projektion der Polarisation auf die Feldrichtung ein und erhalten so, indem wir Sinus- und Kosinus-Anteil trennen, die beiden Gleichungen

$$-\boldsymbol{k}^2 + \frac{\omega^2}{c^2} = 0 \tag{2.31}$$

und

$$\sigma E_0 = -S\omega\,. \tag{2.32}$$

Die erste Gleichung besagt nur, daß (in dem betrachteten Resonanzfall) die Anwesenheit der Atome zu keiner Änderung der Strahlungsfeldfrequenz führt, was von vornherein zu erwarten ist; die zweite lautet unter Beachtung des Zusammenhanges (2.30) zwischen Leitfähigkeit und Resonatorverlusten

$$\frac{\varkappa}{4\pi} E_0 = -S\omega \tag{2.33}$$

oder, nach Einsetzen des expliziten Ausdruckes für S (Gl. (2.11)), schließlich

$$\varkappa = \frac{8\pi D_{12}^2 R_2 \omega}{\hbar V} \frac{\gamma_1}{\gamma_1 + \gamma_2} \frac{1}{4K_0^2 + \gamma_1\gamma_2}, \tag{2.34}$$

was genau mit Gl. (2.18) übereinstimmt, wie behauptet wurde.

Zum Zweck eines Vergleichs mit der entsprechenden, aus den in Kapitel 3 behandelten Bilanzgleichungen folgenden Beziehung führen wir noch die mittlere Photonenzahl des Strahlungsfeldes ein. Letztere ist nach (2.14) gegeben durch

$$n = \frac{U_{(\text{Feld})}}{\hbar\omega} = \frac{E_0^2 V}{8\pi\hbar\omega}, \tag{2.35}$$

so daß wir die Größe K_0^2 (s. Gl. (1.11)) folgendermaßen durch n ausdrücken können

$$K_0^2 = \frac{2\pi\omega}{\hbar V} D_{12}^2 n. \tag{2.36}$$

Damit wird aus Gl. (2.34)

$$\varkappa = \frac{\beta\gamma_1 R_2}{\beta n(\gamma_1 + \gamma_2) + \gamma_1\gamma_2}, \tag{2.37}$$

wobei die Abkürzung

$$\beta = \frac{8\pi\omega D_{12}^2}{\hbar V(\gamma_1 + \gamma_2)} \tag{2.38}$$

verwendet wurde.

Gl. (2.37) stimmt — bis auf die Verschiedenheit der Koeffizienten β und B (Einstein-Koeffizient für die induzierte Emission gemäß Gl. (1.8), Kapitel 3) — genau mit der früher aus den Bilanzgleichungen hergeleiteten Beziehung (2.6), Kapitel 3 (in der die linke Seite entsprechend (2.4), Kapitel 3, zu ersetzen ist) überein, wenn man dort wie in der bisherigen semiklassischen Behandlung von der Möglichkeit absieht, daß auch Atome in das untere Laserniveau gepumpt werden können, also die Pumprate R_1 gleich Null setzt, und weiterhin die spontanen Strahlungsübergänge vom oberen in das untere Laserniveau als unbedeutend im Verhältnis zu den induzierten Emissionsprozessen sowie den Relaxationsvorgängen ansieht. Dementsprechend ergeben sich aus der semiklassischen Theorie auch die gleichen Folgerungen hinsichtlich der Existenz einer Schwellenbedingung für den Laserbetrieb wie aus den Bilanzgleichungen. (In der Tat wurde die Schwellenbedingung oben schon explizit abgeleitet, s. Gl. (2.17).)

Der Unterschied zwischen den Koeffizienten β und B ist übrigens nicht weiter verwunderlich, da sich die semiklassische Behandlung und die Rechnung mit Bilanzgleichungen auf zwei physikalisch verschiedene Fälle, nämlich einmal auf Atome mit gleichem Niveauabstand und einmal auf Atome mit inhomogener Verbreiterung der Niveaus, bezieht. Man könnte jedoch daran denken, die Identifikation $B = \beta$ zur Definition einer effektiven induzierten Übergangswahrscheinlichkeit Bn für den Fall von Atomen, die sich mit dem Strahlungsfeld in Resonanz befinden und den gleichen Niveauabstand besitzen, zu benutzen. Eine solche Übergangswahrscheinlichkeit würde dann gemäß Gl. (2.38) von den Relaxationsprozessen abhängen; im besonderen würde sie für sehr starke Relaxationen praktisch verschwinden. Wir werden auf dieses Verhalten des Atoms an anderer Stelle (s. Abschn. 6.1) noch ausführlicher zu sprechen kommen.

Wir bemerken noch, daß die bisher gemachte Annahme $R_1 = 0$ unproblematisch ist und leicht aufgegeben werden kann. In der Tat lassen sich bei der Berechnung der Polarisation $\boldsymbol{P}$ des Mediums leicht die Beiträge von solchen Atomen hinzunehmen, bei denen durch einen vom eigentlichen Laserübergang unabhängigen Vorgang — etwa durch spontane Übergänge aus höher gelegenen (vom oberen Laserniveau verschiedenen) Atomniveaus oder durch Stoßprozesse — zu irgendeiner Zeit t_0 eine Besetzung des unteren Laserniveaus erfolgt. Schwieriger dagegen ist im Rahmen der semiklassischen Theorie die Berücksichtigung der mit spontaner Ausstrahlung verbundenen Übergänge aus dem oberen in das untere Laserniveau. Man kann diese Prozesse, da sie zu einer

Auffüllung des unteren Niveaus führen, nicht zu den (vom oberen Niveau ausgehenden) Relaxationen zählen, und wir lassen sie, um die Theorie nicht zu sehr zu komplizieren, außer Betracht (was jedenfalls für nicht zu kleine Intensitäten des Strahlungsfeldes gerechtfertigt ist).

Unser bisheriges Ergebnis zusammenfassend können wir also sagen: Die Methode der LAMBschen Theorie liefert für den Resonanzfall die analogen Aussagen wie die auf den Bilanzgleichungen basierende Rechnung. Die größere Tragweite der semiklassischen Theorie kommt erst bei einer frequenzmäßigen Verstimmung zwischen den Atomen und dem Strahlungsfeld zur Geltung. Dieser Fall soll im folgenden genauer diskutiert werden.

4 3. Die Grundgleichungen

a) Beschreibung des Strahlungsfeldes

Wir gehen aus von den freien Eigenschwingungen eines offenen Resonators, wie sie in Kapitel 2 näher untersucht wurden. Wir nehmen an, daß im Laserbetrieb nur der den kleinsten Beugungsverlusten entsprechende Schwingungstyp angeregt ist, der im Fall ebener Spiegel mit für unsere Zwecke ausreichender Genauigkeit durch eine stehende ebene Welle repräsentiert wird. (Wir vernachlässigen dabei — gemäß den Ergebnissen von FOX und LI (s. Abschn. 2.3) — die spezifischen Randeffekte im Feldverlauf, die dann in Erscheinung treten, wenn der Abstand von der Resonatorachse von der Größe der Spiegeldimensionen wird.) Zählen wir die z-Koordinate in Richtung der Resonatorachse, so ist für die elektrische Feldstärke einer solchen Eigenschwingung also zu schreiben

$$\boldsymbol{E} = \boldsymbol{E}_0 \sin kz \cos(\omega t + \varphi), \qquad (3.1)$$

wobei die Richtung von $\boldsymbol{E}_0$ senkrecht zur z-Achse zeigt. Die Länge k des Wellenzahlvektors wird nun durch die

Resonatorgeometrie auf diskrete Werte beschränkt; aus der (in sehr guter Näherung gültigen) Forderung, daß die Tangentialkomponente von $\boldsymbol{E}$ auf den Spiegeloberflächen verschwinden muß, ergibt sich sofort (vgl. (1.6), Kapitel 2)

$$k = k_n \equiv \frac{n\pi}{L} \qquad (n \text{ ganz}, > 0) \tag{3.2}$$

mit L als Länge des Resonators. Gl. (3.1) lautet damit genauer

$$\boldsymbol{E} = \boldsymbol{E}_0 \cos(\omega_n t + \varphi)\, U_n(z), \tag{3.3}$$

wobei die räumliche Abhängigkeit mit

$$U_n(z) = \sin k_n z \tag{3.4}$$

abgekürzt wurde, und die möglichen Eigenfrequenzen sind gegeben durch

$$\omega_n = k_n c = \frac{\pi c}{L}\, n \tag{3.5}$$

(vgl. (1.23), Kapitel 2). Für optische Resonatoren (Wellenlänge des Lichtes $\lambda \approx 10^{-4}$ cm, $L \approx 100$ cm) ist dabei n von der Größenordnung 10^6.

Unter dem Einfluß der Atome wird im allgemeinen eine Frequenzänderung der Eigenschwingungen auftreten; der räumliche Feldverlauf bleibt jedoch, da er durch die Lage der Spiegel bedingt ist, davon unberührt. Wir können daher die im laufenden Laser herrschende elektrische Feldstärke, wenn wir lineare Polarisation voraussetzen[1]) und mit $E(z, t)$ die Komponente der elektrischen

---

[1]) Die beim Gaslaser vorliegende lineare Polarisation der Strahlung ist hauptsächlich durch die Verwendung von „BREWSTER-Fenstern" zum Abschluß des Entladungsrohres bedingt. (Das Licht fällt unter dem BREWSTERschen Winkel auf die das Entladungsrohr verschließende – demnach schräg stehende – Deckplatte, so daß derjenige Anteil der Strahlung, bei dem die elektrische Feldstärke in der Einfallsebene schwingt, ohne Reflexionsverluste hindurchtritt, das Licht also bei jedem Durchgang immer mehr polarisiert wird.)

Feldstärke in Polarisationsrichtung (*E*-Richtung) bezeichnen, in der Form

$$E(z, t) = \sum_n A_n(t)\, U_n(z) \tag{3.6}$$

entwickeln.

Gehen wir mit diesem Ansatz in die aus den MAXWELLschen Gleichungen folgende Relation (2.26) ein, so entsteht unter Beachtung von Gl. (2.30) die Differentialgleichung

$$\sum_n \left(k_n^2 A_n + \frac{\varkappa}{c^2} \dot{A}_n + \frac{1}{c^2} \ddot{A}_n\right) U_n(z) = -\frac{4\pi}{c^2} \ddot{P}(z, t) \tag{3.7}$$

mit $P(z, t)$ als der (bei statistischer Orientierung der Atome allein von Null verschiedenen) Komponente der Polarisation in Richtung des elektrischen Feldes. Wir erhalten daraus eine Beziehung für die Amplitude A_n allein, indem wir von der Orthogonalität der Funktionen $U_n(z)$ Gebrauch machen. Es gilt ja, wie man unter Berücksichtigung von (3.2) leicht nachrechnet,

$$\int_0^L U_n(z)\, U_m(z)\, dz = \int_0^L \sin k_n z \sin k_m z\, dz = \frac{L}{2}\, \delta_{nm}, \tag{3.8}$$

und aus Gl. (3.7) folgt daher, wenn wir sie mit $U_n(z)$ multiplizieren und über z von 0 bis L integrieren

$$\ddot{A}_n + \varkappa_n \dot{A}_n + \omega_n A_n = -4\pi \ddot{P}_n(t), \tag{3.9}$$

wobei $P_n(t)$ die räumliche FOURIER-Komponente von $P(z, t)$ gemäß

$$P_n(t) = \frac{2}{L} \int_0^L P(z, t)\, U_n(z)\, dz \tag{3.10}$$

bezeichne. Dabei haben wir an der Verlustkonstante $\varkappa$ noch einen Index n angebracht, der andeuten soll, daß wir verschieden große Verluste der einzelnen Eigenschwingungen in Betracht ziehen.

Die Beziehung (3.9) stellt offenbar die Differentialgleichung eines gedämpften harmonischen Oszillators dar, auf den eine äußere Kraft einwirkt. Ein solcher Oszillator schwingt bekanntlich mit der Frequenz der äußeren Kraft; es werden dabei aber nur solche Kreisfrequenzen Ω merklich angeregt, die in der Nähe der Resonanzfrequenz ω_n liegen. Eine einfache Rechnung (s. z. B. [71]) liefert die folgende explizite Frequenzabhängigkeit der Amplitude a der erzwungenen Schwingung (bei konstanter Amplitude der äußeren Kraft)

$$a = \text{const} \frac{1}{\sqrt{(\Omega^2 - \omega_n^2)^2 + \varkappa_n^2 \Omega^2}}. \tag{3.11}$$

In unserem Fall handelt es sich um eine Eigenschwingung des elektromagnetischen Feldes, daher ist das Quadrat der Amplitude a ein Maß für die Intensität der Eigenschwingung, und wir erhalten nach Gl. (3.11) die Halbwertsbreite $\Delta\Omega$ für die Intensität — falls die Dämpfung schwach ist (d. h. bei Bestehen der Ungleichung $\varkappa_n \ll \omega_n$, aus der auch $\Delta\Omega \ll \omega_n$ folgt) — aus der Gleichung

$$\left(\omega_n + \frac{\Delta\Omega}{2}\right)^2 - \omega_n^2 = \varkappa_n \omega_n \tag{3.12}$$

zu

$$\Delta\Omega = \varkappa_n. \tag{3.13}$$

Die Halbwertsbreite $\Delta\Omega$ ist somit zahlenmäßig identisch mit der Verlustkonstante $\varkappa_n$. Sie gibt den Spielraum an, innerhalb dessen die Kreisfrequenz der betreffenden Eigenschwingung durch einen äußeren Einfluß, also die Polarisation des Mediums, verändert werden kann. Diese Bandbreite $\Delta\Omega$ der Resonatoreigenschwingung ist bei einem Gaslaser in praxi noch sehr klein gegenüber dem Abstand zweier benachbarter (ungestörter) Resonatoreigenfrequenzen ω_n, der sich nach Gl. (3.5) einfach zu $\Delta\omega = \pi c/L$ ergibt. (Charakteristische Zahlenwerte sind $(2\pi)^{-1}\varkappa = 10^6$ Hz und $(2\pi)^{-1}\Delta\omega = 150 \cdot 10^6$ Hz.) Daher ist für die Feldamplitude A_n nur ein solcher Frequenzanteil von $P_n(t)$ bedeutsam, der mit einer in der Nähe der *zugehörigen* Resonanzfrequenz ω_n liegenden Kreisfrequenz Ω_n schwingt, die dann — entsprechend der Differentialgleichung (3.9) — auch der Eigenschwingung „aufgezwungen" wird, d. h., wir können, wenn wir noch beachten, daß zwischen dem elektrischen Feld und der Polarisation eine Phasenverschiebung besteht, für die Größen A_n und P_n den folgenden Ansatz machen

$$A_n(t) = E_n(t) \cos(\Omega_n t + \varphi_n), \tag{3.14}$$

$$P_n(t) = C_n(t) \cos(\Omega_n t + \varphi_n) + S_n(t) \sin(\Omega_n t + \varphi_n). \tag{3.15}$$

Wir interessieren uns für diejenige Lösung von (3.9), die dem stationären Laserbetrieb entspricht, wobei wir noch die Möglichkeit kleiner Abweichungen von den Gleichgewichtswerten berücksichtigen. Das bedeutet, wir sehen die Amplituden E_n, C_n und S_n als zeitlich schwach veränderlich (im Vergleich zu der mit der Kreisfrequenz Ω_n erfolgenden Oszillation) an und nehmen nur die ersten zeitlichen Ableitungen dieser Größen mit. Bei der Bildung der zweiten zeitlichen Ableitung von A_n entsteht so ein Term $-2\dot{E}_n\Omega_n \sin(\Omega_n t + \varphi_n)$; der bei der Ausrechnung des Summanden $\varkappa_n \dot{A}_n$ in Gl. (3.9) auftretende Ausdruck $\varkappa_n \dot{E}_n \cos(\Omega_n t + \varphi_n)$ ist jedoch im Verhältnis dazu wegen $\varkappa_n \ll \Omega_n$ zu vernachlässigen. Wie wir im vorhergehenden Abschnitt gesehen haben, werden durch die Arbeitsleistung der Polarisation gerade die Verluste der Eigenschwingung kompensiert. Daher ist $4\pi \ddot{P}_n$ von der gleichen Größenordnung wie der Term $\varkappa_n \dot{A}_n$, und da wir bei letzterem den von der Zeitabhängigkeit der Amplitude herrührenden Beitrag weglassen konnten, dürfen wir bei der Bildung von $\ddot{P}_n$ genauso verfahren.

Wir erhalten so aus Gl. (3.9) unter Verwendung der Abkürzung $\xi = \Omega_n t + \varphi_n$

$$- 2 \dot{E}_n \Omega_n \sin \xi - E_n \Omega_n^2 \cos \xi - E_n \varkappa_n \Omega_n \sin \xi$$
$$+ \omega_n^2 E_n \cos \xi = 4\pi C_n \Omega_n^2 \cos \xi + 4\pi S_n \Omega_n^2 \sin \xi . \qquad (3.16)$$

Trennen wir diese Gleichung in den Sinus- und Kosinus-Anteil auf, so entsteht

$$\dot{E}_n + \frac{1}{2} \varkappa_n E_n = - 2\pi \Omega_n S_n , \qquad (3.17)$$

$$(\Omega_n^2 - \omega_n^2) E_n = - 4\pi \Omega_n^2 C_n . \qquad (3.18)$$

Berücksichtigen wir noch, daß sich Ω_n von ω_n nur wenig unterscheidet, so können wir Ω_n durch ω_n ersetzen, mit Ausnahme allerdings der Stelle, wo eine Differenz zwischen Ω_n und ω_n auftritt, und gelangen so schließlich zu dem Gleichungssystem

$$\dot{E}_n + \frac{1}{2} \varkappa_n E_n = - 2\pi \omega_n S_n , \qquad (3.19)$$

$$(\Omega_n - \omega_n) E_n = - 2\pi \omega_n C_n , \qquad (3.20)$$

das die Amplitude und die Frequenz der betreffenden Eigenschwingung zu bestimmen gestattet, sofern die Koeffizienten C_n und S_n explizit als Funktionen von E_n und Ω_n bekannt sind. Wie man sieht, ist — im Einklang mit den in Abschn. 4.1 angestellten Überlegungen — für die Energie des Strahlungsfeldes der Sinus-Anteil der Polarisation maßgebend, während der Kosinus-Anteil zu einer Frequenzverschiebung Anlaß gibt.

Eine Auswertung der Gln. (3.19) und (3.20) erfordert also zuvor eine Berechnung der unter dem Einfluß des Strahlungsfeldes sich ausbildenden Polarisation des Mediums, mit der wir uns im folgenden beschäftigen wollen.

b) Beschreibung der Atome

Da wir den Fall des Gaslasers betrachten, haben wir die thermische Geschwindigkeit der Atome in Rechnung zu setzen. Wir greifen ein Atom mit der Geschwindigkeit $\boldsymbol{v}$ heraus, das zu einer Zeit t_0 durch den Pumpmechanismus in das obere Laserniveau $j = 2$ „gehoben" wird und sich in diesem Zeitpunkt am Ort $\boldsymbol{r}_0$ befindet. Das Atom bewegt sich dann — solange kein Zusammenstoß mit einem anderen Atom erfolgt (da es sich in den meisten Fällen um unelastische Stöße handelt, bedeutet dies, solange das Atom tatsächlich einen Beitrag zur Polarisation des Mediums leistet) — geradlinig gleichförmig, d. h., sein Ortsvektor ist durch die Gleichung

$$\boldsymbol{r}(t) = \boldsymbol{r}_0 + \boldsymbol{v}(t - t_0) \qquad (t \geqq t_0) \tag{3.21}$$

zu kennzeichnen.

Das Atom „nimmt" daher zu einer Zeit t die elektrische Feldstärke[1]) $E(\boldsymbol{r}_0 + \boldsymbol{v}(t - t_0), t)$ „wahr", wenn $E(\boldsymbol{r}, t)$ die Feldstärke im Resonator bezeichnet. In unserem Fall hängt E nur von z ab; die auf das Atom wirkende elektrische Feldstärke lautet daher nach Gln. (3.6), (3.4) und (3.14), wenn wir der Einfachheit halber annehmen, daß nur eine Eigenschwingung angeregt ist,

$$E^{(At)}(t) = E_n(t) \cos(\Omega_n t + \varphi_n) \sin k_n [z_0 + v_z(t - t_0)], \tag{3.22}$$

wofür unter Berücksichtigung der bekannten Beziehung

$$\sin\alpha \cos\beta = \frac{1}{2} [\sin(\alpha + \beta) + \sin(\alpha - \beta)] \tag{3.23}$$

[1]) Wenn wir im folgenden von elektrischer Feldstärke, Dipolmoment und Polarisation sprechen, meinen wir stets die Komponenten dieser Vektoren in bezug auf die Richtung der elektrischen Feldstärke.

geschrieben werden kann

$$E^{(At)}(t) = \frac{1}{2} E_n(t) \left\{\sin\left([\Omega_n + k_n v_z]t + \alpha_+\right) - \sin\left([\Omega_n - k_n v_z]t + \alpha_-\right)\right\}$$
$$\left(\alpha_\pm = \varphi_n \pm k_n(z_0 - v_z t_0)\right). \tag{3.24}$$

Das bedeutet also, das Atom „sieht“ an Stelle der Frequenz Ω_n zwei Frequenzen

$$\Omega_n^\pm = \Omega_n \pm k_n v_z, \tag{3.25}$$

und der ganze Effekt ist nichts anderes als die bekannte DOPPLER-Verschiebung der Frequenz für einen bewegten Beobachter, wenn man daran denkt, daß man ja eine stehende Welle als Superposition zweier gegeneinanderlaufender Wellen auffassen kann. Wir sehen so, daß eine Geschwindigkeitsverteilung der Atome zu einer ähnlichen Verstimmung zwischen den Atomen und dem Strahlungsfeld Anlaß gibt wie eine Verschiedenheit der Niveauabstände $\hbar\omega_{21}$: Nur ein Teil der Atome kann sich mit einem vorgegebenen Strahlungsfeld definierter Frequenz in Resonanz befinden, nämlich nur solche Atome, für welche der (als scharf vorausgesetzte und in Einheiten von $\hbar$ gemessene) Niveauabstand ω_{21} gerade mit Ω_n^+ oder Ω_n^- zusammenfällt, d. h. für die gilt

$$\Omega_n = \omega_{21} + k_n v_z \quad \text{oder} \quad \Omega_n = \omega_{21} - k_n v_z. \tag{3.26}$$

Aus Gl. (3.24) folgt dann sofort, daß sich auch der Wechselwirkungsoperator für ein bewegtes Atom, also nach (1.1) der Ausdruck

$$H^W(t) = -D E^{(At)}(t) \tag{3.27}$$

(mit D als Komponente des elektrischen Dipoloperators $\boldsymbol{D}$ in Richtung der elektrischen Feldstärke) aus zwei Anteilen zusammensetzt, die verschiedenen Frequenzen entsprechen. Das hat mathematisch die bedauerliche Konsequenz, daß — selbst, wenn nur eine einzige Eigenschwingung des Strahlungsfeldes angeregt ist — eine analytische Lösung der zugehörigen SCHRÖDINGER-Gleichung (wie im Fall einer monochromatischen Störung) nicht mehr erhalten werden kann und man auf eine sukzessive Näherung angewiesen ist.

Explizit lautet (in der im vorhergehenden Abschnitt verwendeten Bezeichnungsweise) die SCHRÖDINGER-Gleichung im jetzigen Fall (s. Gln. (1.5) und (1.6) sowie (1.14) und (1.15)), wenn wir noch die Abkürzung

$$\langle\varphi_1 | H^W(t) | \varphi_2\rangle = -D_{12}E^{(At)}(t) \equiv \hbar V(t) \quad \text{(reell)} \tag{3.28}$$

einführen,

$$i\dot{b}_1 = \left(\omega_1 - i\,\frac{\gamma_1}{2}\right) b_1 + V(t) b_2, \tag{3.29}$$

$$i\dot{b}_2 = \left(\omega_2 - i\,\frac{\gamma_2}{2}\right) b_2 + V(t) b_1. \tag{3.30}$$

Nun benötigen wir die Lösung der SCHRÖDINGER-Gleichung nur zur Berechnung des Erwartungswertes des elektrischen Dipolmomentes; nach Gl. (1.47) sind wir somit nur an den Produkten $b_1^* b_2$ und $b_1 b_2^*$ interessiert, die gerade die Bedeutung der Nichtdiagonalelemente der Dichtematrix ϱ für das Atom haben. Es ist daher zur Vereinfachung der Rechnung zweckmäßig, die SCHRÖDINGER-Gleichung von den Wahrscheinlichkeitsamplituden b_1, b_2 auf die Elemente der Dichtematrix

$$\varrho \equiv \begin{pmatrix} \varrho_{11} & \varrho_{12} \\ \varrho_{21} & \varrho_{22} \end{pmatrix} = \begin{pmatrix} |b_1|^2 & b_1 b_2^* \\ b_2 b_1^* & |b_2|^2 \end{pmatrix} \tag{3.31}$$

umzuschreiben. Unter Verwendung von (3.29) und (3.30) erhalten wir so die folgenden Beziehungen:

Zunächst lautet die zeitliche Änderung von ϱ_{11}

$$\dot{\varrho}_{11} = \dot{b}_1 b_1^* + b_1 \dot{b}_1^* = \left\{ -i\omega_1 |b_1|^2 - i V(t) b_2 b_1^* - \frac{\gamma_1}{2} |b_1|^2 \right\} + \text{Konj. Kompl.,} \tag{3.32}$$

also

$$\dot{\varrho}_{11} = -\gamma_1 \varrho_{11} + i V(t) (\varrho_{12} - \varrho_{21}), \tag{3.33}$$

und entsprechend folgt

$$\dot{\varrho}_{22} = -\gamma_2 \varrho_{22} - i V(t) (\varrho_{12} - \varrho_{21}). \tag{3.34}$$

Für das Nichtdiagonalelement ϱ_{21} der Dichtematrix gilt

$$\begin{aligned} \dot{\varrho}_{21} &= \dot{b}_2 b_1^* + b_2 \dot{b}_1^* \\ &= \left(-i\omega_2 b_2 - i V(t) b_1 - \frac{\gamma_2}{2} b_2 \right) b_1^* \\ &\quad + \left(i\omega_1 b_1^* + i V(t) b_2^* - \frac{\gamma_1}{2} b_1^* \right) b_2, \end{aligned} \tag{3.35}$$

also, wenn wir die Abkürzung

$$\bar{\gamma} = \frac{\gamma_1 + \gamma_2}{2} \tag{3.36}$$

verwenden,

$$\dot{\varrho}_{21} = -i\omega_{21}\varrho_{21} - \bar{\gamma}\varrho_{21} + i V(t) (\varrho_{22} - \varrho_{11}), \tag{3.37}$$

und ϱ_{12} ergibt sich nach Gl. (3.31) einfach zu

$$\varrho_{12} = \varrho_{21}^*. \tag{3.38}$$

Da zu einer Zeit t_0 eine Besetzung des oberen Niveaus $j = 2$ erfolgen soll, lautet die Anfangsbedingung

$$\varrho_{22}(t_0) = 1, \quad \varrho_{11}(t_0) = \varrho_{12}(t_0) = \varrho_{21}(t_0) = 0. \tag{3.39}$$

Wir stellen das Problem der tatsächlichen Beschaffung einer Lösung des Differentialgleichungssystems (3.33), (3.34), (3.37) und (3.38) zunächst zurück und schildern das weitere, zur Ermittlung der Polarisation des Mediums erforderliche Vorgehen.

Bezeichnen wir, um die charakteristischen Parameter des herausgegriffenen Atoms explizit zu vermerken, die fragliche Lösung mit $\varrho(\boldsymbol{r}_0, t_0, \boldsymbol{v}; t)$, so können wir also nach (1.47) für das Dipolmoment des betrachteten Atoms schreiben

$$\langle D \rangle_{\boldsymbol{r}_0, t_0, \boldsymbol{v}} = D_{12}\, \varrho_{21}(\boldsymbol{r}_0, t_0, \boldsymbol{v}; t) + \text{Konj. Kompl.} \tag{3.40}$$

Wegen der räumlichen Bewegung der Atome trägt ein Atom an verschiedenen Orten zu verschiedenen Zeiten zur Polarisation des Mediums bei. Umgekehrt setzt sich die zu einer bestimmten Zeit t an einem bestimmten Ort $\boldsymbol{r}$ herrschende Polarisation aus den Beiträgen all der Atome zusammen, die gerade zur Zeit t am Ort $\boldsymbol{r}$ eintreffen. Da wir innerhalb der aktiven Substanz von der Änderung der elektrischen Feldstärke und demgemäß auch der Polarisation in senkrecht zur Resonatorachse gelegten Ebenen absehen wollen, es also in dieser Näherung mit einem eindimensionalen Problem zu tun haben, betrachten wir das in einer — durch die beiden Ebenen $z = z_1$ und $z = z_1 + \delta z_1$ aus dem Volumen der aktiven Substanz ausgeschnittenen — Scheibe vom Volumen δV vorhandene Gesamtdipolmoment $P(z_1, t)\, \delta V$ und berechnen zunächst den Anteil dieses Dipolmomentes, der von solchen Atomen herrührt, die in einem Zeitintervall $t_0 \ldots t_0 + dt_0$ $(t_0 < t)$ in das obere Niveau gepumpt wurden und dabei eine Geschwindigkeit erhielten, deren z-Komponente in einem Intervall $v_z \ldots v_z + \delta v_z$ liegt. Offenbar tragen von diesen Atomen nur diejenigen zu $P(z_1, t)\, \delta V$ bei, die im Zeit„punkt" ihrer Anregung gerade um $\Delta z = v_z(t - t_0)$ von der Stelle z_1 entfernt waren, genauer gesagt, sich in einer Scheibe der

Dicke δz_1 an der Stelle

$$z_0 = z_1 - v_z (t - t_0) \tag{3.41}$$

befanden (s. Abb. 18).

Die Zahl δZ der letztgenannten Atome berechnet sich aus der (lokalen) Pumprate. Dabei ist zu beachten, daß die Atome im Gaslaser eine Geschwindigkeitsverteilung

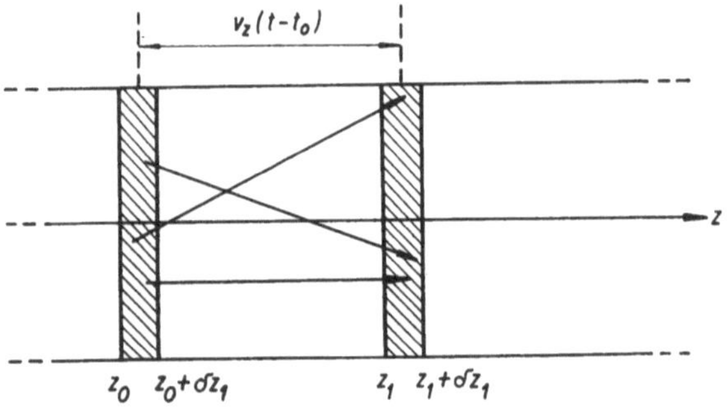

Abb. 18. Räumliche Bewegung von Atomen, die im Zeitpunkt t zur Polarisation an der Stelle z_1 beitragen. Gezeichnet sind die bis zur Zeit t zurückgelegten Wege solcher Atome, die zur Zeit t_0 ($< t$) angeregt wurden und sich in Richtung der Resonatorachse mit der Geschwindigkeit v_z fortbewegen

besitzen, die schon in einer entsprechenden Geschwindigkeitsabhängigkeit der Pumprate zum Ausdruck kommen muß. Wir haben daher, da es uns nur auf die Geschwindigkeit v_z in Richtung der Resonatorachse ankommt, an Stelle der früheren Pumprate R_2 eine nicht nur auf die Zeit-, sondern überdies auf die Volumeneinheit sowie die Einheit des Geschwindigkeitsintervalls Δv_z bezogene Rate

$$\tilde{r}_2(v_z, z, t) = W(v_z) r_2(z, t) \tag{3.42}$$

einzuführen, wobei die (gemäß $\int_{-\infty}^{\infty} W(v_z)\, dv_z = 1$ normierte) Funktion $W(v_z)$ die Geschwindigkeitsverteilung der Atome wiedergibt (die Größe $W(v_z)\,dv_z$ gibt die Häufigkeit an, mit welcher der Wert v_z — mit dem Spielraum dv_z — vorkommt). Wie durch die Schreibweise $r_2(z, t)$ angedeutet, lassen wir jetzt (im Gegensatz zu den früheren Rechnungen) eine — im Verhältnis zur räumlichen und zeitlichen Abhängigkeit der elektrischen Feldstärke schwache — Veränderlichkeit der lokalen Pumprate r_2 mit z und t zu.

Für $W(v_z)$ setzen wir, da wir dem Gas — näherungsweise jedenfalls — eine Temperatur zuordnen können, eine MAXWELL-Verteilung an, d. h., wir schreiben

$$W(v_z) = \frac{1}{\sqrt{\pi}u} e^{-\frac{v_z^2}{u^2}}, \tag{3.43}$$

wobei der Geschwindigkeitsparameter u durch die Beziehung

$$\frac{m}{2} u^2 = k_B T \tag{3.44}$$

(m Masse des Atoms, k_B BOLTZMANN-Konstante) mit der Temperatur T verknüpft ist.

Damit hat die obige Zahl δZ von Atomen den Wert

$$\delta Z = W(v_z) r_2(z_0, t_0)\, \delta V\, \delta t_0\, \delta v_z, \tag{3.45}$$

und da jedem dieser Atome das gleiche Dipolmoment $\langle D\rangle_{z_0, t_0, v_z}$ zukommt, lautet der Beitrag der betrachteten Gruppe von Atomen zu dem Dipolmoment, das zur Zeit t in der an der Stelle z_1 befindlichen Scheibe vorhanden ist, unter Beachtung von Gl. (3.41)

$$\delta\langle D\rangle = \langle D\rangle_{z_1 - v_z(t-t_0),\, t_0, v_z} W(v_z) r_2\big(z_1 - v_z(t - t_0), t_0\big) \times \delta V\, \delta t_0\, \delta v_z. \tag{3.46}$$

Das gesamte in Rede stehende Dipolmoment ergibt sich, wenn man alle in bezug auf den Zeitpunkt t früheren

Zeiten t_0 und alle möglichen Geschwindigkeiten v_z berücksichtigt. Gehen wir durch Division des Dipolmomentes durch das Volumenelement δV zur Polarisation P über, so erhalten wir also unter Beachtung von Gl. (3.40) für die Polarisation an einer Stelle z die folgende Formel[1])

$$P(z,t) = D_{12} \int_{-\infty}^{t} dt_0 \int_{-\infty}^{\infty} dv_z\, W(v_z)\, r_2\big(z - v_z(t-t_0), t_0\big)$$
$$\times\, \varrho_{21}\big(z - v_z(t-t_0), t_0, v_z; t\big) + \text{Konj. Kompl.} \qquad (3.47)$$

oder, unter der Voraussetzung, daß sich die lokale Pumprate r_2 in dem Teil des Integrationsbereiches, der den Hauptbeitrag zum Integral liefert, nur wenig ändert,

$$P(z,t) = D_{12} r_2(z,t) \int_{-\infty}^{t} dt_0 \int_{-\infty}^{\infty} dv_z\, W(v_z)$$
$$\varrho_{21}\big(z - v_z(t-t_0),\ t_0, v_z; t\big) \quad + \text{Konj. Kompl.} \qquad (3.48)$$

Ziehen wir jetzt noch die Möglichkeit in Betracht, daß auch das untere Niveau entsprechend einer Pumprate $\tilde{r}_1 = W(v_z) r_1(z,t)$ (mit der gleichen Funktion W wie in (3.42)) angeregt wird, so haben wir einen weiteren Beitrag zur Polarisation in Rechnung zu setzen, der sich in ganz analoger Weise wie der Ausdruck (3.48) berechnet; der einzige Unterschied besteht darin, daß die Anfangsbedingung nunmehr

$$\varrho_{11}(t_0) = 1, \qquad \varrho_{22}(t_0) = \varrho_{12}(t_0) = \varrho_{21}(t_0) = 0 \quad (3.49)$$

lautet. Wir brauchen diese Rechnung aber nicht explizit auszuführen, da man leicht sehen kann, in welcher Weise das Resultat (3.48) im Fall der vorstehenden Anfangs-

---

[1]) In der Nähe der Deckflächen des Entladungsrohres ist Gl. (3.47) offenbar nicht mehr richtig, weil die Atome bei der Reflexion an einer solchen Wand ihre Energie verlieren und daher nicht mehr zur Polarisation beitragen. Wir sehen jedoch von diesem Randeffekt ab.

bedingung abzuändern ist. Um einen expliziten Ausdruck für die Polarisation zu gewinnen, muß also zunächst die SCHRÖDINGER-Gleichung gelöst werden, was im folgenden Abschnitt geschehen soll.

4.4. Genäherte Lösung der SCHRÖDINGER-*Gleichung*

Wir lösen das Gleichungssystem (3.33), (3.34), (3.37) und (3.38) iterativ im Sinne einer störungstheoretischen Entwicklung, wobei nur die (durch die Größe $V(t)$ gemäß Gl. (3.28) repräsentierte) Wechselwirkung mit der Laserstrahlung als Störung aufgefaßt wird, die Relaxationsprozesse dagegen nicht zur Störung gerechnet werden.

Die nullte Näherung folgt aus den genannten Gleichungen, indem man die von der Störung herrührenden Wechselwirkungsterme streicht und die Integration unter Berücksichtigung der Anfangsbedingung (3.39) ausführt, einfach zu

$$\varrho_{22}^{(0)}(t) = e^{-\gamma_2(t-t_0)}, \quad \varrho_{11}^{(0)} = \varrho_{12}^{(0)} = \varrho_{21}^{(0)} = 0. \qquad (4.1)$$

Die erste Näherung berechnen wir in der Weise, daß wir in den Wechselwirkungsgliedern die nullte Näherung einsetzen und die (dadurch inhomogen gewordenen) Differentialgleichungen lösen. Durch Wiederholung dieser Prozedur (mit der ersten an Stelle der nullten Näherung) ergibt sich so die zweite Näherung usf.

Aus Gln. (4.1) folgt, daß der in erster Näherung auftretende Beitrag zu $\varrho(t)$ nur für die Nichtdiagonalelemente ϱ_{12} und ϱ_{21} von Null verschieden ist. Schreiben wir allgemein die Dichtematrix in Form einer den verschiedenen Näherungsschritten entsprechenden Entwicklung

$$\varrho(t) = \varrho^{(0)}(t) + \varrho^{(1)}(t) + \varrho^{(2)}(t) + \cdots, \qquad (4.2)$$

so gilt also nach Gl. (3.37)

$$\dot{\varrho}_{21}^{(1)} = -(i\omega_{21} + \bar{\gamma})\,\varrho_{21}^{(1)} + F(t), \qquad (4.3)$$

wobei wir die Inhomogenität mit $F(t)$ abgekürzt haben

$$F(t) = i\,V(t)\,\varrho_{22}^{(0)}(t)\,. \tag{4.4}$$

Wir lösen zunächst die zu (4.3) gehörige homogene Gleichung mit dem Ergebnis

$$\varrho_{21}^{(1)} = C\,e^{-(i\omega_{21}+\bar{\gamma})\,t}\,. \tag{4.5}$$

Nach der Methode der Variation der Konstanten bestimmen wir nun die Lösung der inhomogenen Gleichung (4.3), d. h., wir denken uns die Konstante C in Gl. (4.5) als eine — noch zu bestimmende — Funktion der Zeit. Aus Gl. (4.3) ergibt sich so

$$\begin{aligned}\dot{\varrho}_{21}^{(1)} &= -\,(i\,\omega_{21} + \bar{\gamma})\,\varrho_{21}^{(1)} + \dot{C}\,e^{-(i\omega_{21}+\bar{\gamma})\,t}\\ &= -\,(i\,\omega_{21} + \bar{\gamma})\,\varrho_{21}^{(1)} + F(t)\end{aligned} \tag{4.6}$$

oder

$$\dot{C} = F(t)\,e^{(i\omega_{21}+\bar{\gamma})\,t}\,. \tag{4.7}$$

Beachtet man, daß die Beiträge höherer Ordnung zur Dichtematrix für $t = t_0$ verschwinden müssen, weil die Anfangsbedingung schon in der nullten Näherung befriedigt wird, so folgt aus Gl. (4.7)

$$C(t) = \int_{t_0}^{t} F(t')\,e^{(i\omega_{21}+\bar{\gamma})\,t'}\,dt'\,, \tag{4.8}$$

und $\varrho_{21}^{(1)}$ ist nach Gl. (4.5) gegeben durch

$$\varrho_{21}^{(1)}(t) = \int_{t_0}^{t} F(t')\,e^{(i\omega_{21}+\bar{\gamma})\,(t'-t)}\,dt'\,. \tag{4.9}$$

Setzen wir hier noch Gl. (4.4) ein, so erhalten wir unter Verwendung von (4.1) schließlich

$$\varrho_{21}^{(1)}(t) = i\int_{t_0}^{t} V(t')\,e^{\gamma_2(t_0-t')}\,e^{(i\omega_{21}+\bar{\gamma})\,(t'-t)}\,dt'\,. \tag{4.10}$$

Da nur die Wechselwirkungsterme in den Gleichungen (3.33) und (3.34) für $\dot{\varrho}_{11}$ bzw. $\dot{\varrho}_{22}$ von den Nichtdiagonalelementen von ϱ abhängen, tritt in zweiter Näherung nur ein Beitrag zu ϱ_{11} und ϱ_{22} auf, nicht dagegen zu ϱ_{12} und ϱ_{21}. Erst in dritter Näherung ergibt sich wieder ein Beitrag zu den Nichtdiagonalelementen der Dichtematrix und damit zur Polarisation.

Explizite Ausdrücke für die Anteile zweiter und dritter Ordnung von ϱ können nach dem gleichen Verfahren wie im Fall der ersten Näherung leicht gewonnen werden. Wir gehen jedoch nicht näher darauf ein, da wir im folgenden, um den Rechenaufwand in erträglichen Grenzen zu halten, die Polarisation doch nur in erster Näherung ausrechnen und für den Beitrag dritter Ordnung zur Polarisation einfach das Lambsche Ergebnis [41] übernehmen wollen. Dies ist um so mehr gerechtfertigt, als sich bei der Berechnung des letzteren keine prinzipiell neuen Gesichtspunkte ergeben.

4.5. Berechnung der Polarisation in erster Näherung

Um die an der Stelle z zur Zeit t herrschende Polarisation des Mediums zu ermitteln, haben wir Gl. (3.48) auszuwerten. Wir führen zuerst die Integration über t_0 aus, d. h. bilden das Integral

$$I \equiv \int_{-\infty}^{t} dt_0\, \varrho_{21}(z - v_z(t - t_0), t_0, v_z; t). \qquad (5.1)$$

Setzen wir hier für ϱ_{21} die erste Näherung (4.10) ein, so entsteht

$$I = i \int_{-\infty}^{t} dt_0 \int_{t^0}^{t} dt'\; V(t')\, e^{\gamma_2(t_0 - t')} e^{(i\omega_{21} + \bar{\gamma})(t' - t)}. \qquad (5.2)$$

Die Orts- und Geschwindigkeitsabhängigkeit des Integrals steckt dabei in der Größe $V(t')$. Nehmen wir an, daß verschiedene Eigenschwingungen des Strahlungsfeldes gleichzeitig angeregt sind, so daß sich die elektrische Feldstärke nach Gln. (3.6) und (3.14) darstellen läßt als

$$E(z, t) = \sum_n E_n(t)\, U_n(z) \cos(\Omega_n t + \varphi_n), \qquad (5.3)$$

so gilt nach Gl. (3.28) für ein Atom, das zur Zeit t_0 am Ort z_0 in das obere Niveau gepumpt und dem dabei die Geschwindigkeit v_z mitgeteilt wurde,

$$V(z_0, t_0, v_z; t') = -\frac{D_{12}}{\hbar} \sum_n E_n(t')\, U_n(z_0 + v_z[t' - t_0]) \times \cos(\Omega_n t' + \varphi_n). \qquad (5.4)$$

Wie aus Gl. (5.1) ersichtlich ist, hat man bei der Ausrechnung von ϱ_{21} den Ort z_0, an dem die Anregung des Atoms erfolgte, mit dem Wert $z - v_z(t - t_0)$ zu identifizieren. Damit wird aus Gl. (5.4)

$$V(t') = -\frac{D_{12}}{\hbar} \sum_n E_n(t')\, U_n(z + v_z[t' - t]) \times \cos(\Omega_n t' + \varphi_n). \qquad (5.5)$$

Die Größe $V(t')$ hängt somit gar nicht von t_0 ab, und es empfiehlt sich daher, die Integration über t_0 in (5.2) als erste auszuführen. Dazu ist eine Umformung des Integrals notwendig, die sich aus einer graphischen Darstellung des Integrationsbereiches leicht ablesen läßt. Offenbar ist die Integration in (5.2) über das von den Geraden $t' = t_0$, $t' = t$ und der unendlich fernen Gerade $t_0 = -\infty$ aus der t', t_0-Ebene ausgeschnittene Dreieck zu erstrecken, und zwar erfolgt, wenn wir die t'-Achse nach rechts und die t_0-Achse nach oben auftragen, die Integration längs horizontaler Streifen (s. Abb. 19). Statt dessen kann man sich das genannte Dreieck auch durch vertikale Schnitte zerlegt denken und über die so entstandenen Streifen integrieren, was analytisch, wie aus der Figur sofort zu ersehen ist, folgendes bedeutet: Zunächst wird über t_0 von $-\infty$ bis t' integriert und an-

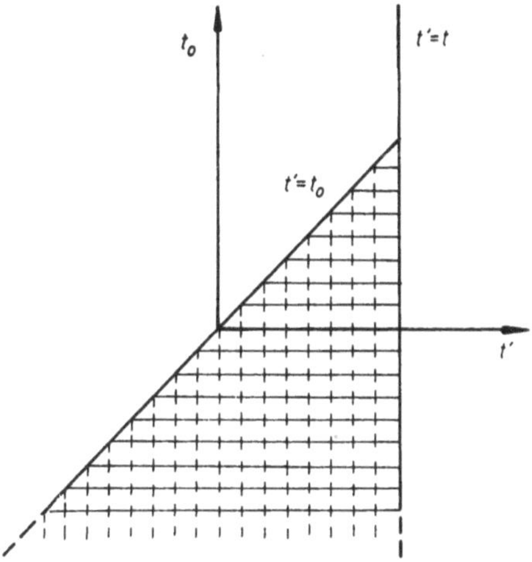

Abb. 19. Graphische Darstellung des Integrationsgebietes in Gl. (5.2) (Zerlegung in horizontale bzw. vertikale Streifen)

schließend über t' von $-\infty$ bis t; d. h., wir können statt Gl. (5.2) schreiben

$$I = i \int_{-\infty}^{t} dt' \int_{-\infty}^{t'} dt_0 \, V(t') \, e^{\gamma_2 (t_0 - t')} e^{(i\omega_{21} + \bar{\gamma})(t' - t)} \tag{5.6}$$

oder, nach Ausführung der t_0-Integration und unter Verwendung von (5.5),

$$I = -i \frac{D_{12}}{\hbar \gamma_2} \int_{-\infty}^{t} dt' \sum_n E_n(t') \, U_n(z + v_z[t' - t]) \times \cos(\Omega_n t' + \varphi_n) \, e^{(i\omega_{21} + \bar{\gamma})(t' - t)}. \tag{5.7}$$

Schreiben wir hier den Kosinus auf Exponentialfunktionen um, so entstehen nach Multiplikation mit

$\exp\{i\omega_{21}t'\}$ ein hochfrequenter und ein niederfrequenter Term. Wenn wir den ersteren — im Sinne der „rotating wave approximation" — weglassen, erhalten wir nach einer kleinen Umformung

$$I = -i\,\frac{D_{12}}{2\hbar\gamma_2}\int_{-\infty}^{t} dt' \sum_n E_n(t')\,U_n(z + v_z[t' - t])$$
$$\times\, e^{-i(\Omega_n t + \varphi_n)}\, e^{(i[\omega_{21} - \Omega_n] + \bar{\gamma})(t' - t)}\,. \tag{5.8}$$

Der im Integranden auftretende Faktor $\exp\{\bar{\gamma}(t' - t)\}$ hat offenbar die Bedeutung einer Abschneidefunktion; er sorgt dafür, daß in Gl. (5.8) praktisch nur über solche Zeiten t' integriert wird, die im Intervall $t - \bar{\gamma}^{-1} < t' \leq t$ liegen. Wenn wir voraussetzen, daß sich während der Zeit $1/\bar{\gamma}$ die Amplituden E_n wenig ändern, können wir sie in (5.8) durch ihre Werte zur Zeit t ersetzen. Führen wir schließlich noch die naheliegende Substitution $\tau = t - t'$ aus, so gelangen wir zu der Beziehung

$$I = -i\,\frac{D_{12}}{2\hbar\gamma_2}\sum_n E_n(t)\,e^{-i(\Omega_n t + \varphi_n)}$$
$$\times \int_0^{\infty} d\tau\, U_n(z - v_z\tau)\,e^{-(i[\omega_{21} - \Omega_n] + \bar{\gamma})\tau}\,. \tag{5.9}$$

Damit lautet dann der Ausdruck (3.48) für die Polarisation

$$P(z, t) = -i\,\frac{D_{12}^2}{2\hbar}\,\frac{r_2(z, t)}{\gamma_2}\sum_n E_n(t)\,e^{-i(\Omega_n t + \varphi_n)}$$
$$\times \int_{-\infty}^{\infty} dv_z\, W(v_z) \int_0^{\infty} d\tau\, U_n(z - v_z\tau)\,e^{-(i[\omega_{21} - \Omega_n] + \bar{\gamma})\tau}$$
$$+ \text{Konj. Kompl.} \tag{5.10}$$

Bis jetzt haben wir nur eine durch den Pumpmechanismus bedingte Besetzung des oberen Laserniveaus in Betracht gezogen. Falls auch das untere Laserniveau gemäß einer Pumprate $\tilde{r}_1 = W(v_z)\, r_1(z, t)$ angeregt wird, tritt ein zusätzlicher Beitrag zur Polarisation auf, der formal aus dem Ausdruck (5.10) dadurch erhalten werden kann, daß man die Größe r_2/γ_2 durch $-r_1/\gamma_1$ ersetzt. Dies erscheint plausibel; im besonderen ist der Vorzeichenumschlag nach den in Abschn. 4.1 gefundenen Resultaten sofort verständlich, da die im Anfangszeitpunkt im unteren Niveau befindlichen Atome die Wechselwirkung mit dem Strahlungsfeld nur mit einer Absorptionsphase beginnen können, bei der, wie gezeigt, das Dipolmoment entgegengesetzt gerichtet ist wie bei der Emissionsphase (die im Fall einer Besetzung des oberen Niveaus zunächst vorliegt). Man kann die genannte Abänderung des Ausdruckes (5.10) auch leicht mathematisch genau begründen: Da die veränderte Anfangsbedingung einer Vertauschung der Indizes 1 und 2 entspricht, hat man in Gl. (5.7) die Indizes 1 und 2 zu vertauschen. Dabei geht speziell ω_{21} in $\omega_{12} = -\omega_{21}$ über, so daß nunmehr der Anteil $\frac{1}{2} \exp\{i(\Omega_n t' + \varphi_n)\}$ von $\cos(\Omega_n t' + \varphi_n)$ zu einem niederfrequenten Term Anlaß gibt. Bildet man nun noch den konjugiert komplexen Wert der in der geschilderten Weise abgeänderten Gleichung (5.8) — was erlaubt ist, da uns nach Gl. (5.10) sowieso nur der Realteil von I interessiert —, so kehrt sich wegen des Faktors i das Vorzeichen des gesamten Ausdruckes um, und das Integral wird genau das gleiche wie in der ursprünglichen Gleichung (5.8).

Damit können wir an Stelle von (5.10) allgemeiner schreiben

$$P(z, t) = -i \frac{D_{12}^2}{2\hbar} s(z, t) \sum_n E_n(t)\, e^{-i(\Omega_n t + \varphi_n)}$$

$$\times \int_{-\infty}^{\infty} dv_z\, W(v_z) \int_0^{\infty} d\tau\, U_n(z - v_z\tau)\, e^{-(i[\omega_{21} - \Omega_n] + \bar{\gamma})\tau}$$

$$+ \text{Konj. Kompl.} \tag{5.11}$$

mit

$$s(z, t) = \frac{r_2(z, t)}{\gamma_2} - \frac{r_1(z, t)}{\gamma_1}. \tag{5.12}$$

Die letztere Größe $s(z, t)$ läßt sich physikalisch folgendermaßen interpretieren: Sie gibt die auf die Volumeneinheit bezogene Inversion an, die sich bei abgeschaltetem Strahlungsfeld unter dem Einfluß des Pumpens und der Relaxationsprozesse am Ort $\boldsymbol{r}$ zur Zeit t ausbildet — vorausgesetzt, daß die lokalen Pumpraten r_1 und r_2 in Zeiten von der Größenordnung der mittleren Lebensdauer der beiden Laserniveaus (hinsichtlich der Relaxationsprozesse) und räumlichen Dimensionen von der Größenordnung des während der Lebensdauer im Mittel zurückgelegten Weges nur schwach veränderlich sind, so daß die räumliche Bewegung der Atome bei der Aufstellung der Bilanz für die Zahl $\delta N_j(\boldsymbol{r}, t)$ der im Zustand j $(= 1, 2)$ befindlichen Atome, die sich zur Zeit t im Volumenelement δV an der Stelle $\boldsymbol{r}$ aufhalten, keine Rolle spielt (im Mittel fliegen pro Zeiteinheit genausoviele angeregte bzw. nichtangeregte Atome in das Volumenelement hinein wie heraus). In der Tat gilt dann bei fehlender Wechselwirkung mit dem Strahlungsfeld für die zeitliche Änderung von $\delta N_j(\boldsymbol{r}, t)$

$$\frac{\partial}{\partial t} \delta N_j(\boldsymbol{r}, t) = r_j(z, t)\, \delta V - \gamma_j\, \delta N_j(\boldsymbol{r}, t), \tag{5.13}$$

woraus sich für den quasistationären Fall die auf die Volumeneinheit bezogene Besetzungszahl $n_j(\boldsymbol{r}, t)$ für das Atomniveau j einfach zu

$$n_j(\boldsymbol{r}, t) = n_j(z, t) = \frac{r_j(z, t)}{\gamma_j} \tag{5.14}$$

ergibt. Damit ist die obengenannte Bedeutung von $s(z, t)$ offensichtlich.

Nun treten in den Grundgleichungen (3.19) und (3.20) der Sinus- und der Kosinus-Anteil nicht der Polarisation

$P(z,t)$ selbst, sondern der räumlichen FOURIER-Komponente $P_n(t)$ (s. Gl. (3.10)) auf; wir haben daher Gl. (5.11) — nach Multiplikation mit der Funktion $2L^{-1}U_n(z)$ — über z zu integrieren, was wir nun als erstes tun wollen. Das dabei auftretende Integral bezieht sich also auf die Funktion

$$s(z,t)\sin k_n z \sin k_m (z - v_z\tau) = \frac{1}{2} s(z,t)\cos\{(k_n - k_m)z + k_m v_z \tau\} - \frac{1}{2} s(z,t)\cos\{(k_n + k_m)z - k_m v_z\tau\}. \quad (5.15)$$

Wegen der schwachen Veränderlichkeit der „Inversionsdichte“ $s(z,t)$ mit z mittelt sich der zweite Summand auf der rechten Seite von Gl. (5.15) bei der Integration praktisch weg. Weiterhin können wir den ersten Summanden unter Verwendung des Additionstheorems der trigonometrischen Funktionen durch

$$\frac{1}{2} s(z,t)\cos([k_n - k_m]z)\cos k_m v_z \tau \quad (5.16)$$

ersetzen, weil der noch hinzukommende Term, bei dem jeweils der Sinus an Stelle des Kosinus steht, schiefsymmetrisch bezüglich v_z ist und daher bei der Integration über v_z (wegen des symmetrischen Charakters der Verteilungsfunktion $W(v_z)$) verschwindet.

Beachten wir noch, daß nach Gl. (3.2) $k_n - k_m = k_{n-m}$ gilt, und ersetzen wir in dem Ausdruck $\cos k_m v_z \tau$, da sich die verschiedenen vorkommenden Wellenzahlen k_m nur sehr wenig unterscheiden, die Größe k_m durch einen Mittelwert k, so erhalten wir also für $P_n(t)$ die folgende Darstellung

$$P_n(t) = -i\frac{D_{12}^2}{2\hbar}\sum_m s_{n-m}(t)\, E_m(t)\, e^{-i(\Omega_m t + \varphi_m)} \times \int_{-\infty}^{\infty} dv_z\, W(v_z) \int_0^{\infty} d\tau \cos k v_z \tau\, e^{-(i[\omega_{21} - \Omega_m] + \bar{\gamma})\tau} + \text{Konj. Kompl.} \quad (5.17)$$

mit

$$s_\mu(t) = \frac{1}{L}\int\limits_0^L s(z,t)\cos k_\mu z\,\mathrm{d}z = \frac{1}{L}\int\limits_0^L s(z,t)\cos\frac{\mu\pi}{L}z\,\mathrm{d}z$$

$$(\mu = 0, \pm 1, \pm 2, \ldots). \quad (5.18)$$

Bei der Größe $s_{n-m}(t)$ handelt es sich also um die räumliche FOURIER-Komponente der Inversionsdichte in bezug auf eine Kosinusfunktion, die innerhalb der aktiven Substanz nur sehr wenige Oszillationen ausführt (die Größe $|n - m|$ nimmt ja die Werte $0, 1, 2, \ldots, (M - 1)$ an mit M als Zahl der angeregten Eigenschwingungen, die aufeinanderfolgenden Werten von n entsprechen mögen). Die Normierung wurde in (5.18) so gewählt, daß bei räumlich konstanter Inversionsdichte s die Größe s_0 mit s zusammenfällt. Wie man sich leicht überzeugt, ist in diesem Fall auch tatsächlich nur die FOURIER-Komponente s_0 der Inversionsdichte von Null verschieden.

Unter Verwendung des expliziten Ausdruckes (3.43) für die Geschwindigkeitsverteilung der Atome kann man nun in Gl. (5.17) die Integration über v_z ohne große Mühe ausführen. Es ist zu diesem Zweck also das Integral

$$I_1 \equiv \int\limits_{-\infty}^{\infty} W(v_z)\cos k\,v_z\tau\,d v_z = \frac{1}{u\sqrt{\pi}}\int\limits_{-\infty}^{\infty} e^{-\frac{v_z^2}{u^2}}\cos k v_z\tau\,d v_z \quad (5.19)$$

zu bilden, wofür wir auch

$$I_1 = \frac{1}{u\sqrt{\pi}}\int\limits_{-\infty}^{\infty} e^{-\left(\frac{v_z^2}{u^2}+ikv_z\tau\right)}\,d v_z \quad (5.20)$$

schreiben können, da der zusätzliche Sinus-Term wegen seines schiefsymmetrischen Charakters keinen Beitrag zum Integral liefert. Substituieren wir hier $\xi = v_z/u$, so entsteht

$$I_1 = \frac{1}{\sqrt{\pi}} \int\limits_{-\infty}^{\infty} e^{-(\xi^2 + iku\tau\xi)}\, d\xi \tag{5.21}$$

oder, wenn wir im Exponenten der e-Funktion gemäß der Identität

$$\xi^2 + iku\tau\xi = \left(\xi + \frac{iku\tau}{2}\right)^2 + \frac{k^2u^2\tau^2}{4} \tag{5.22}$$

die Ergänzung zu einem vollständigen Quadrat vornehmen und erneut eine Substitution, nämlich $x = \xi + \frac{1}{2} iku\tau$, ausführen,

$$I_1 = \frac{1}{\sqrt{\pi}} e^{-\frac{k^2u^2\tau^2}{4}} \int\limits_{-\infty}^{\infty} e^{-x^2}\, dx = e^{-\frac{k^2u^2\tau^2}{4}}. \tag{5.23}$$

Damit kann entsprechend Gl. (5.17) $P_n(t)$ endgültig dargestellt werden als

$$P_n(t) = -\frac{1}{2}\frac{D_{12}^2}{\hbar ku} \sum_m s_{n-m}(t)\, Z(\Omega_m - \omega_{21}, \bar{\gamma}, ku) \times E_m(t)\, e^{-i(\Omega_m t + \varphi_m)} + \text{Konj. Kompl.}, \tag{5.24}$$

wobei wir mit $Z(\Omega, \bar{\gamma}, ku)$ das Integral

$$Z(\Omega, \bar{\gamma}, ku) = iku \int\limits_0^{\infty} e^{i\Omega\tau - \bar{\gamma}\tau - \frac{k^2u^2\tau^2}{4}}\, d\tau \tag{5.25}$$

bezeichnet haben (das übrigens schon in der klassischen Optik beim Studium von Dispersion und Absorption unter Berücksichtigung des DOPPLER-Effektes in Erscheinung tritt; s. [7]).

Der Ausdruck (5.25) läßt sich nun noch weiter umformen. Zunächst können wir den Exponenten der e-Funktion schreiben als

$$-\frac{k^2u^2\tau^2}{4}-(\bar{\gamma}-i\Omega)\tau=-\left(\frac{ku\tau}{2}+\frac{\bar{\gamma}-i\Omega}{ku}\right)^2+\left(\frac{\bar{\gamma}-i\Omega}{ku}\right)^2. \tag{5.26}$$

Hier empfiehlt es sich, die komplexe Zahl

$$\zeta\equiv\xi+i\eta=\frac{\Omega}{ku}+i\,\frac{\bar{\gamma}}{ku} \tag{5.27}$$

einzuführen, und wir erhalten dann für $Z(\Omega,\bar{\gamma},ku)$ den Ausdruck

$$Z(\Omega,\bar{\gamma},ku)=iku\int\limits_0^\infty e^{-\left(\frac{ku\tau}{2}-i\zeta\right)^2-\zeta^2}\,\mathrm{d}\tau. \tag{5.28}$$

Substituieren wir nun zweckmäßigerweise $\vartheta=-\frac{1}{2}\,ku\tau$, so entsteht daraus

$$Z(\Omega,\bar{\gamma},ku)=2i\int\limits_{-\infty}^{0} e^{-(\vartheta+i\zeta)^2-\zeta^2}\,\mathrm{d}\vartheta; \tag{5.29}$$

das bedeutet, die Größe Z ist eine (analytische) Funktion von ζ allein. Führen wir die weitere Substitution $t=\vartheta+i\zeta$ aus, so gelangen wir zu folgender Darstellung von Z

$$Z(\Omega,\bar{\gamma},ku)=2i\int\limits_{-\infty+i\zeta}^{i\zeta} e^{-(t^2+\zeta^2)}\,\mathrm{d}t. \tag{5.30}$$

Da der Integrand im Endlichen keine Singularitäten besitzt, können wir den Integrationsweg in der Weise verformen, daß wir zuerst längs der reellen Achse von

$-\infty$ bis zur Stelle Null, von dort bis $i\xi$ und schließlich von $i\xi$ bis $i\zeta = i\xi - \eta$ integrieren, was uns unter Beachtung der Relation

$$\int_{-\infty}^{0} e^{-t^2}\,\mathrm{d}t = \frac{\sqrt{\pi}}{2} \tag{5.31}$$

auf den folgenden Ausdruck führt

$$Z(\Omega, \bar{\gamma}, ku) = 2ie^{-\zeta^2}\left[\frac{\sqrt{\pi}}{2} + \int_{0}^{i\xi} e^{-t^2}\,\mathrm{d}t + \int_{i\xi}^{i\xi-\eta} e^{-t'^2}\,\mathrm{d}t'\right]. \tag{5.32}$$

Substituieren wir zum letzten Male gemäß $x = -it$ bzw. $x' = t' - i\xi$, so ergibt sich endgültig

$$Z(\Omega, \bar{\gamma}, ku) = 2ie^{-\zeta^2}\left[\frac{\sqrt{\pi}}{2} + i\int_{0}^{\xi} e^{x^2}\,\mathrm{d}x\right] + 2ie^{-2i\xi\eta+\eta^2}\int_{0}^{-\eta} e^{-x'^2-2i\xi x'}\,\mathrm{d}x'. \tag{5.33}$$

Die vorstehende Darstellung der Funktion Z ist sehr günstig für kleine Werte[1]) von ξ und η, genauer gesagt für den Fall

$$|\xi| = \frac{|\Omega|}{ku} < 1, \qquad \eta = \frac{\bar{\gamma}}{ku} < 1, \tag{5.34}$$

da man dann durch Potenzreihenentwicklung der Integranden in Gl. (5.33) sehr leicht zu Näherungsausdrücken für Z gelangt.

---

[1]) Für den allgemeinen Fall stehen umfangreiche Tabellen zur Verfügung; s. [22].

In der Tat sind nun bei einem Gaslaser die Ungleichungen (5.34) in vielen Fällen erfüllt, und wir wollen sie im folgenden als gültig voraussetzen. Um ihre physikalische Bedeutung herauszustellen, betrachten wir einmal die spontane Ausstrahlung der Atome. Die von einem bewegten Atom ausgesandte Strahlung erscheint bekanntlich einem ruhenden Beobachter in ihrer Kreisfrequenz um den Wert kv_B — gegenüber der von einem ruhenden Atom emittierten Linie — verschoben, wenn v_B die Geschwindigkeit des Atoms in Richtung auf den Beobachter zu bezeichnet (DOPPLER-Effekt). Dadurch kommt es zu der sogenannten DOPPLER-Verbreiterung der experimentell beobachtbaren Emissionslinie, die in praktischen Fällen sehr groß im Vergleich zur natürlichen Linienbreite (i.e. zur Linienbreite im Fall eines ruhenden bzw. mit definierter Geschwindigkeit bewegten Atoms) ist, so daß das Linienprofil der spontan ausgesandten Strahlung hauptsächlich durch die DOPPLER-Verschiebung bestimmt wird. Verstehen wir unter der Linienbreite ausnahmsweise einmal nicht die Halbwertsbreite, sondern den Abstand der beiden Kreisfrequenzen, bei denen die ausgestrahlte Intensität auf den e-ten Teil abgesunken ist, so hat, da die Größe u nach Gl. (3.43) gerade diejenige Geschwindigkeit angibt, die mit der Häufigkeit e^{-1} — im Vergleich zur Geschwindigkeit $v_z = 0$ — vorkommt, das Produkt ku in (5.34) also die Bedeutung der halben — durch den DOPPLER-Effekt bedingten — Linienbreite (kurz „DOPPLER-Breite“ genannt). Beachten wir noch, daß wir gemäß Gl. (5.24) die Größe Ω in (5.34) mit $\Omega_m - \omega_{21}$ zu identifizieren haben, so können wir die Ungleichungen (5.34) folgendermaßen formulieren: Es muß einerseits die Verstimmung zwischen den Atomen und dem Strahlungsfeld — genau gesprochen, die Abweichung der „Zentralfrequenz“ ω_{21} der Atome, i. e. der Resonanzfrequenz für ruhende Atome, von den im Laserbetrieb angeregten Kreisfrequenzen Ω_m — und andererseits die (über die beiden Laserniveaus gemittelte) Übergangswahrscheinlichkeit für Relaxationsprozesse klein gegenüber der halben DOPPLER-Breite der spontanen Strahlung sein.

Setzen wir zunächst voraus, daß die Größe η so klein im Verhältnis zu Eins ist, daß wir Terme von höherer als erster Ordnung in η vernachlässigen können, so lassen sich die folgenden Vereinfachungen vornehmen

$$e^{-\zeta^2} = e^{-(\xi+i\eta)^2} \simeq e^{-\xi^2}(1 - 2i\xi\eta) \tag{5.35}$$

und

$$\int_0^{-\eta} e^{-x'^2 - 2i\xi x'}\, dx' \simeq -\eta. \tag{5.36}$$

Damit wird aus Gl. (5.33)

$$Z(\Omega, \bar{\gamma}, ku) \simeq (1 - 2i\xi\eta)\, e^{-\xi^2}\left\{i\sqrt{\pi} - 2\int_0^{\xi} e^{x^2}\, dx\right\} - 2i\eta. \tag{5.37}$$

Trennen wir diesen Ausdruck noch in Real- und Imaginärteil auf, so erhalten wir in der Bezeichnung $Z = Z_r + iZ_i$

$$Z_r \simeq e^{-\xi^2}\left(-2\int_0^{\xi} e^{x^2}\, dx + 2\xi\eta\sqrt{\pi}\right), \tag{5.38}$$

$$Z_i \simeq e^{-\xi^2}\left(4\xi\eta\int_0^{\xi} e^{x^2}\, dx + \sqrt{\pi}\right) - 2\eta, \tag{5.39}$$

oder, wenn wir sogar die in η linearen Terme noch streichen,

$$Z_r \simeq -2e^{-\xi^2}\int_0^{\xi} e^{x^2}\, dx, \tag{5.38'}$$

$$Z_i \simeq \sqrt{\pi}\, e^{-\xi^2}. \tag{5.39'}$$

Berechnen wir zum Schluß noch die mit der Kreisfrequenz Ω_n schwingenden Sinus- und Kosinus-Anteile von $P_n(t)$, die für die Auswertung der Grundgleichungen (3.19) und (3.20) benötigt werden, so erhalten wir aus Gl. (5.24)

$$S_n(t) = -\frac{D_{12}^2}{\hbar k u} E_n(t) Z_i(\Omega_n - \omega_{21}, \bar{\gamma}, ku)\, s_0(t), \qquad (5.40)$$

$$C_n(t) = -\frac{D_{12}^2}{\hbar k u} E_n(t) Z_r(\Omega_n - \omega_{21}, \bar{\gamma}, ku)\, s_0(t). \qquad (5.41)$$

Man erkennt übrigens aus Gl. (5.24), daß die den Kreisfrequenzen Ω_m $(m \neq n)$ entsprechenden Anteile von $P_n(t)$ — deren Einfluß auf die durch den Index n charakterisierte Eigenschwingung, wie früher schon erläutert, allgemein mit der Begründung vernachlässigt wurde, daß die genannten Frequenzen Ω_m weit außerhalb der (durch die Resonatorverluste bedingten) Bandbreite der Resonatoreigenschwingung n liegen — sowieso nur sehr klein sind, da sie ihre Ursache nur in der räumlichen Veränderlichkeit der Inversionsdichte $s(z, t)$ haben. (Die Größen $s_\mu(t)$ mit $\mu \neq 0$ verschwinden, wie oben schon bemerkt, im Fall einer räumlich konstanten Inversionsdichte.)

Die Größen S_n und C_n hängen nach Gln. (5.40) und (5.41) nur von den Daten der zugehörigen Eigenschwingung, nicht aber denen eventuell angeregter anderer Eigenschwingungen ab; das bedeutet, in der bisher betrachteten ersten Näherung besteht keine Kopplung zwischen den verschiedenen Eigenschwingungen.

4.6. Schwellenbedingung und Frequenzverschiebung

Wir untersuchen nun, welche Aussagen im Rahmen der ersten Näherung aus den Grundgleichungen gefolgert werden können. Dazu setzen wir die Ausdrücke (5.40) und (5.41) in die Gleichungen (3.19) bzw. (3.20) ein mit dem Ergebnis

$$\frac{1}{2}\,\varkappa_n E_n = 2\pi\,\frac{\omega_n D_{12}^2}{\hbar k u}\,E_n s_0 Z_i(\Omega_n - \omega_{21}, \overline{\gamma}, ku), \qquad (6.1)$$

$$(\Omega_n - \omega_n) E_n = 2\pi\,\frac{\omega_n D_{12}^2}{\hbar k u}\,E_n s_0 Z_r(\Omega_n - \omega_{21}, \overline{\gamma}, ku), \qquad (6.2)$$

wobei wir noch Stationarität im Sinne von $\dot{E}_n = 0$ gefordert haben.

Wir diskutieren zunächst die Relation (6.1). Da die E_n-Abhängigkeit offensichtlich herausfällt, setzt sie die Resonatorverluste und die (über das Volumen der aktiven Substanz gemittelte) Inversionsdichte s_0 zueinander in Beziehung. Der daraus berechenbare Wert von s_0, nämlich

$$s_0 = s_0^{(S)} \equiv \frac{\hbar k u\,\varkappa_n}{4\pi\omega_n D_{12}^2 Z_i(\Omega_n - \omega_{21}, \overline{\gamma}, ku)} \qquad (6.3)$$

kann nur die Bedeutung des Schwellenwertes der mittleren Inversionsdichte haben, also derjenigen Inversionsdichte, die durch den Pumpvorgang — in Konkurrenz mit den Relaxationsprozessen — erzeugt werden muß, damit die Lasertätigkeit einsetzen kann. In der Tat erhält man, wie wir im einzelnen noch sehen werden, Gl. (6.3) als Schwellenbedingung aus der genaueren (die Beiträge dritter Ordnung zur Polarisation einschließenden) Theorie, was nicht weiter verwunderlich ist, da der in dritter Näherung in Gl. (6.1) hinzukommende Term proportional zu E_n^3 ist und damit in Schwellennähe ($E_n \approx 0$) gegenüber den in E_n linearen Ausdrücken vernachlässigt werden kann.

In der Näherung $\eta = 0$ folgt aus Gl. (6.3) unter Verwendung von (5.39′)

$$s_0^{(S)} = \frac{\hbar k u\,\varkappa_n}{4\pi^{3/2}\,\omega_n D_{12}^2}\,e^{\left(\frac{\Omega_n - \omega_{21}}{ku}\right)^2}. \qquad (6.4)$$

Der hier auftretende Faktor $\exp\{(\Omega_n - \omega_{21})^2/(ku)^2\}$ bringt offenbar einen Verstimmungseffekt zum Ausdruck: Falls die Kreisfrequenz Ω_n des Strahlungsfeldes nicht mit der Zentralfrequenz ω_{21} der Atome übereinstimmt, ist der Schwellenwert der Inversionsdichte größer als im Resonanzfall; es muß also stärker gepumpt werden, um den Laser zum Laufen zu bringen.

Die im Laserbetrieb tatsächlich sich einstellende Frequenz des Strahlungsfeldes ergibt sich aus Gl. (6.2). Dividieren wir wieder durch E_n und setzen für s_0 den Schwellenwert (6. 4) ein, so bekommen wir die Relation

$$\Omega_n - \omega_n = \frac{1}{2} \frac{Z_r(\Omega_n - \omega_{21}, \bar{\gamma}, ku)}{Z_i(\Omega_n - \omega_{21}, \bar{\gamma}, ku)} \varkappa_n \tag{6.5}$$

oder, in nullter Näherung bezüglich η, also unter Verwendung der Näherungsformeln (5.38′) und (5.39′),

$$\Omega_n - \omega_n = -\frac{1}{\sqrt{\pi}} \varkappa_n \int_0^\xi e^{x^2} \, \mathrm{d}x \qquad \text{mit} \qquad \xi = \frac{\Omega_n - \omega_{21}}{ku}. \tag{6.6}$$

Entwickeln wir hier das Integral in eine Potenzreihe und beschränken uns zunächst auf das erste Glied, so entsteht

$$\Omega_n - \omega_n = S(\omega_{21} - \Omega_n) \tag{6.7}$$

mit

$$S = \frac{1}{\sqrt{\pi}} \frac{\varkappa_n}{ku} \tag{6.8}$$

als dem sogenannten Stabilisierungsfaktor, der im Fall des Gaslasers von der Größenordnung 10^{-3} ist.

Da sich auf Grund von Gl. (6.7) die beiden Differenzen $\Omega_n - \omega_n$ und $\Omega_n - \omega_{21}$ im Vorzeichen unterscheiden, liegt die Kreisfrequenz Ω_n des Strahlungsfeldes zwischen der ungestörten Resonatorfrequenz ω_n und der Zentralfrequenz ω_{21} der Atome, d. h., die Frequenzverschiebung geschieht in der Weise, daß sich die Kreisfrequenz der Laserstrahlung — wegen der Kleinheit des Stabilisierungsfaktors allerdings nur in geringem Maße — der Zentralfrequenz der Atome nähert; die Atome „ziehen" also die Frequenz der Eigenschwingung etwas „zu sich heran", weshalb man in der englischen Literatur von „frequency pulling" spricht. Die Einwirkung der Atome auf die Frequenz der Strahlung ist somit durch dieTendenz zur Verkleinerung einer vorhandenen Verstimmung zu charakterisieren, was nach dem Obigen die Lasertätigkeit — über eine Verminderung der Schwelleninversionsdichte $s_0^{(S)}$ — in günstiger Weise beeinflußt.

Nehmen wir bei der Entwicklung des Integrals in Gl. (6.6) noch das nächste Glied mit, so erhalten wir

$$\Omega_n - \omega_n = (\omega_{21} - \Omega_n) S \left\{1 + \frac{1}{3} \left(\frac{\Omega_n - \omega_{21}}{ku}\right)^2\right\}. \quad (6.9)$$

Damit kommt zu der (bezüglich des Frequenzunterschiedes $\omega_{21} - \Omega_n$ zwischen den Atomen und dem Strahlungsfeld) linearen Frequenzänderung (6.7) noch ein nichtlinearer Anteil hinzu, der einer Vergrößerung von S in Gl. (6.7) entspricht und damit den linearen Verschiebungseffekt vergrößert, also ein nichtlineares „pulling" beschreibt.

Damit sind die im Rahmen der ersten Näherung zu gewinnenden Aussagen erschöpft. Wir müssen, um im besonderen die Strahlungsleistung des Lasers berechnen zu können, die Beiträge dritter Ordnung zur Polarisation des Mediums berücksichtigen.

4.7. Der Ein-Frequenz-Betrieb des Lasers

Da uns die expliziten Rechnungen zu weit führen würden, übernehmen wir das von LAMB erhaltene Ergebnis für den in dritter Näherung hinzukommenden

Beitrag zur räumlichen FOURIER-Komponente $P_n(t)$ der Polarisation, das folgendermaßen lautet

$$P_n^{(3)}(t) = \frac{i\sqrt{\pi}\,D_{12}^4}{32\hbar^3 ku} \sum_{m,m',m''} E_m E_{m'} E_{m''}$$

$$\times\; e^{-i[(\Omega_m - \Omega_{m'} + \Omega_{m''})\,t + (\varphi_m - \varphi_{m'} + \varphi_{m''})]}$$

$$\times \left[\frac{s_{m+m'-m''-n}}{\bar{\gamma} + i\left(\omega_{21} - \frac{1}{2}\,\Omega_m + \frac{1}{2}\,\Omega_{m'} - \Omega_{m''}\right)}\right.$$

$$\left. + \frac{s_{m-m'+m''-n}}{\bar{\gamma} + i\left(-\frac{1}{2}\,\Omega_m + \Omega_{m'} - \frac{1}{2}\,\Omega_{m''}\right)}\right]$$

$$\times \left[\frac{1}{\gamma_1 + i\,(\Omega_{m'} - \Omega_{n''})} + \frac{1}{\gamma_2 + i(\Omega_{m'} - \Omega_{m''})}\right]$$

$$+ \text{Konj. Kompl.} \tag{7.1}$$

Die vorstehende Gleichung gilt dabei nur im Limes sehr großer DOPPLER-Breite, d. h. für den Fall, daß das Produkt ku viel größer als $\bar{\gamma}$ und die verschiedenen möglichen Frequenzdifferenzen der Form $\Omega_m + \Omega_{m'} - 2\Omega_{m''}$ ist.

Beschränken wir uns wieder auf denjenigen Anteil von $P_n(t)$, der mit der Kreisfrequenz Ω_n schwingt, so sind also alle die Summanden in (7.1) mitzunehmen, für die $\Omega_m - \Omega_{m'} + \Omega_{m''} = \Omega_n$ gilt (wobei die zugehörigen Eigenschwingungen wegen des Faktors $E_m E_{m'} E_{m''}$ natürlich sämtlich angeregt sein müssen). Das bedeutet offenbar das Bestehen einer Kopplung zwischen den verschiedenen Eigenschwingungen. Wir werden uns mit dieser Frage später beschäftigen (s. Abschn. 4.9); zuerst wollen wir voraussetzen, daß die Ausstrahlung aus dem Laser mit einer einzigen Frequenz erfolgt. Von der dreifachen Summe in Gl. (7.1) bleibt dann nur der Summand mit $m = m' = m'' = n$ übrig, und wir können schreiben

$$P_n^{(3)}(t) = \frac{i\sqrt{\pi}\,D_{12}^4}{32\hbar^3 ku}\,E_n^3\,e^{-i(\Omega_n t+\varphi_n)}$$

$$\times s_0\left[\frac{1}{\overline{\gamma}+i(\omega_{21}-\Omega_n)}+\frac{1}{\overline{\gamma}}\right]\left[\frac{1}{\gamma_1}+\frac{1}{\gamma_2}\right]+\text{Konj. Kompl.} \tag{7.2}$$

Für den Sinus- und Kosinus-Anteil von $P_n^{(3)}(t)$ folgt hieraus nach einer kleinen Rechnung

$$S_n^{(3)}(t) = \frac{\sqrt{\pi}\,D_{12}^4}{8\hbar^3 ku\gamma_1\gamma_2}\,s_0\left[1+\frac{\overline{\gamma}^2}{\overline{\gamma}^2+(\omega_{21}-\Omega_n)^2}\right]E_n^3, \tag{7.3}$$

$$C_n^{(3)}(t) = \frac{\sqrt{\pi}\,D_{12}^4}{8\hbar^3 ku\gamma_1\gamma_2}\,s_0\,\frac{\overline{\gamma}(\omega_{21}-\Omega_n)}{\overline{\gamma}^2+(\omega_{21}-\Omega_n)^2}\,E_n^3, \tag{7.4}$$

wobei noch die Definition von $\overline{\gamma}$ (Gl. (3.36)) beachtet wurde. Damit wird aus der Grundgleichung (3.19) unter Berücksichtigung von (5.40)

$$\dot{E}_n = \alpha_n E_n - \beta_n E_n^3 \tag{7.5}$$

mit

$$\alpha_n = -\frac{1}{2}\varkappa_n + \frac{2\pi\omega_n D_{12}^2}{\hbar ku}\,s_0 Z_i(\Omega_n-\omega_{21},\overline{\gamma},ku) \tag{7.6}$$

und

$$\beta_n = \frac{\pi^{3/2}\,\omega_n D_{12}^4}{4\hbar^3 ku\gamma_1\gamma_2}\,s_0\left[1+\frac{\overline{\gamma}^2}{\overline{\gamma}^2+(\omega_{21}-\Omega_n)^2}\right]. \tag{7.7}$$

Die Formeln für α_n und β_n lassen sich übersichtlicher schreiben, wenn man die relative, nämlich auf die Schwelleninversionsdichte $s_0^{(S)}$ (Gl. (6.3)) für den Resonanzfall bezogene, mittlere Inversionsdichte

$$s_0^{(\text{rel})} \equiv \frac{s_0}{s_0^{(S)}(\Omega_n=\omega_{21})} = \frac{4\pi\omega_n D_{12}^2}{\hbar ku\,\varkappa_n}\,Z_i(0,\overline{\gamma},ku)\,s_0 \tag{7.8}$$

einführt. Man erhält so an Stelle von Gln. (7.6) und (7.7)

$$\alpha_n = \frac{\varkappa_n}{2}\left[-1 + s_0^{(\mathrm{rel})}\,\frac{Z_i(\Omega_n - \omega_{21}, \bar{\gamma}, ku)}{Z_i(0, \bar{\gamma}, ku)}\right] \tag{7.9}$$

und[1])

$$\beta_n = \frac{D_{12}^2 \varkappa_n}{16 \hbar^2 \gamma_1 \gamma_2}\, s_0^{(\mathrm{rel})}\left[1 + \frac{\bar{\gamma}^2}{\bar{\gamma}^2 + (\omega_{21} - \Omega_n)^2}\right]. \tag{7.10}$$

Für den stationären Fall $(\dot{E}_n = 0)$ folgt aus Gl. (7.5)

$$\alpha_n E_n = \beta_n E_n^3. \tag{7.11}$$

Da der Koeffizient β_n — wie aus Gl. (7.10) ersichtlich — positiv ist, hat Gl. (7.11) nur dann eine von Null verschiedene (reelle) Lösung E_n, wenn das gleiche für α_n gilt; das bedeutet nach (7.9), es muß die Ungleichung

$$s_0^{(\mathrm{rel})} = \frac{s_0}{s_0^{(S)}(\Omega_n = \omega_{21})} > \frac{Z_i(0, \bar{\gamma}, ku)}{Z_i(\Omega_n - \omega_{21}, \bar{\gamma}, ku)} \tag{7.12}$$

oder, unter Beachtung der Definition von $s_0^{(S)}$ (Gl. (6.3)),

$$s_0 > \frac{Z_i(0, \bar{\gamma}, ku)}{Z_i(\Omega_n - \omega_{21}, \bar{\gamma}, ku)}\, s_0^{(S)}(\Omega_n = \omega_{21}) = s_0^{(S)} \tag{7.13}$$

erfüllt sein. Damit hat der in erster Näherung erhaltene Wert für die mittlere Inversionsdichte in der Tat die

---

[1]) Gl. (7.10) gilt genau genommen nur für orientierte Atome, d. h. Atome mit einer definierten Richtung des (als reell vorausgesetzten) Vektors $\boldsymbol{D}_{12}$. Im Fall statistisch orientierter Atome, wie er in praxi meist vorliegt, sind an Stelle der Größen D_{12}^2 und D_{12}^4 die entsprechenden Mittelwerte zu schreiben, die sich leicht zu $\overline{D_{12}^2} = \frac{1}{3}\boldsymbol{D}_{12}^2$ (s. Abschn. 3.1) und $\overline{D_{12}^4} = \frac{1}{5}(\boldsymbol{D}_{12}^2)^2$ berechnen. Damit besteht dann der Zusammenhang $\overline{D_{12}^4} = \frac{9}{5}\,(\overline{D_{12}^2})^2$, und man hat in Gl. (7.10) D_{12}^2 durch $\frac{9}{5}\,\overline{D_{12}^2}$ zu ersetzen.

Bedeutung der Schwelle für das Einsetzen der Lasertätigkeit.

Wird hinreichend stark gepumpt, so daß der Schwellenwert $s_0^{(S)}$ überschritten wird, so ist also α_n positiv, und die Intensität des Strahlungsfeldes ergibt sich aus Gl. (7.11) zu

$$E_n^2 = \frac{\alpha_n}{\beta_n}, \tag{7.14}$$

wofür man nach Gln. (7.9) und (7.10) in der Näherung (5.39′) explizit schreiben kann

$$E_n^2 = \frac{8\hbar^2\gamma_1\gamma_2}{D_{12}^2} \frac{e^{-\left(\frac{\Omega_n-\omega_{21}}{ku}\right)^2} - \frac{1}{s_0^{(\mathrm{rel})}}}{1 + \frac{\bar{\gamma}^2}{\bar{\gamma}_2 + (\omega_{21} - \Omega_n)^2}}. \tag{7.15}$$

Mit wachsender Inversionsdichte nimmt also die Intensität zu, wie es nicht anders zu erwarten ist. Man muß jedoch beachten, daß die vorstehende Gleichung in einer störungstheoretischen Näherung hergeleitet wurde und daher nur für nicht zu große Intensitäten des Strahlungsfeldes, also in Schwellennähe, gültig ist. Der Faktor $s_0^{(\mathrm{rel})}$ darf somit nicht sehr viel größer als $Z_i(0, \bar{\gamma}, ku)/Z_i(\Omega_n - \omega_{21}, \bar{\gamma}, ku)$ sein.

Aus der Beziehung (7.15) läßt sich ein interessanter Effekt ablesen: Da sowohl der Zähler als auch der Nenner in dieser Gleichung im Resonanzfall seinen maximalen Wert annimmt, besteht die Möglichkeit, daß bei geeigneten Werten der Parameter ku und $\bar{\gamma}$ sowie der relativen Inversionsdichte $s_0^{(\mathrm{rel})}$ das Maximum von E_n^2 als Funktion der Verstimmung $\Omega_n - \omega_{21}$ nicht an der Stelle 0 liegt, sondern daß zwei (symmetrisch bezüglich der Resonanzstelle $\Omega_n - \omega_{21} = 0$ gelegene) Maxima auftreten und an der Resonanzstelle selbst eine Einbeulung (ein „dip“) vorliegt (s. Abb. 20). Das bedeutet also, daß in gewissen Fällen durch passende Verstimmung eine größere Strahlungsleistung erzielt werden kann als bei genauer Abstimmung auf Resonanz. Eine physikalische Erklärung für diese Besonderheit des Ausstrahlungsvorganges beim Gaslaser werden wir im folgenden Abschnitt geben.

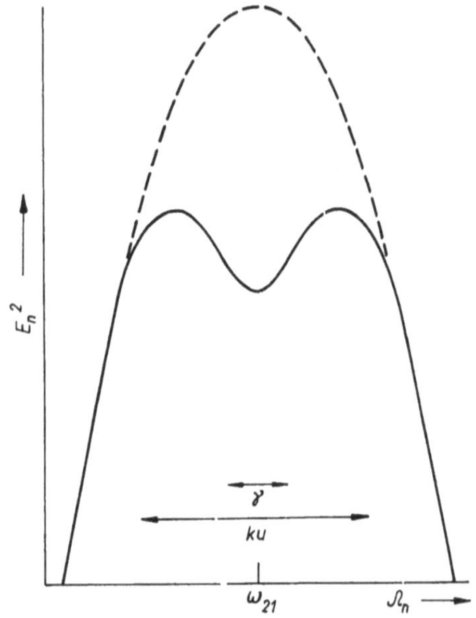

Abb. 20. Intensität der Eigenschwingung n als Funktion der Verstimmung gemäß Gl. (7.15) für $s_0^{(\mathrm{rel})} = 2$ und $ku = 4\bar{\gamma}$. Die gestrichelte Kurve entspricht einem von Ω_n unabhängigen Nenner in (7.15) (nach [41]

Zuvor untersuchen wir noch die Frequenzverschiebung in der jetzigen dritten Näherung. Dazu steht uns die Grundgleichung (3.20) zur Verfügung, die nach Einsetzen der Beiträge erster und dritter Ordnung (Gln. (5.41) und (7.4)) und Division durch E_n folgendermaßen lautet

$$\Omega_n - \omega_n = \sigma_n + \varrho_n E_n^2 \qquad (7.16)$$

mit

$$\sigma_n = \frac{2\pi\omega_n D_{12}^2}{\hbar k u} s_0 Z_r(\omega_n - \omega_{21}, \bar{\gamma}, ku) \qquad (7.17)$$

und

$$\varrho_n = \frac{\pi^{3/2}\omega_n D_{12}^4}{4\hbar^3 k u \gamma_1 \gamma_2} s_0 \frac{\bar{\gamma}(\omega_n - \omega_{21})}{\bar{\gamma}^2 + (\omega_{21} - \omega_n)^2}. \qquad (7.18)$$

Dabei wurde in Gln. (7.17) und (7.18) Ω_n wegen der Kleinheit der Frequenzverschiebung näherungsweise durch ω_n ersetzt.

Führen wir hier wieder die relative Inversionsdichte (7.8) ein, so erhalten wir die Formeln

$$\sigma_n = \frac{\varkappa_n}{2 Z_i(0, \bar{\gamma}, ku)} s_0^{(\mathrm{rel})} Z_r(\omega_n - \omega_{21}, \bar{\gamma}, ku) \qquad (7.19)$$

und[1])

$$\varrho_n = \frac{\sqrt{\pi}\, D_{12}^2 \varkappa_n}{16\hbar^2 \gamma_1 \gamma_2 Z_i(0, \bar{\gamma}, ku)} s_0^{(\mathrm{rel})} \frac{\bar{\gamma}(\omega_n - \omega_{21})}{\bar{\gamma}^2 + (\omega_{21} - \omega_n)^2}. \qquad (7.20)$$

Setzen wir nun noch gemäß Gl. (7.14) den Gleichgewichtswert für E_n^2 ein, so entsteht aus Gl. (7.16)

$$\Omega_n - \omega_n = \frac{\varkappa_n}{2 Z_i(0, \bar{\gamma}, ku)} \left[Z_r(\omega_n - \omega_{21}, \bar{\gamma}, ku) + \frac{\bar{\gamma}(\omega_n - \omega_{21}) Z_i(\omega_n - \omega_{21}, \bar{\gamma}, ku)}{2\bar{\gamma}^2 + (\omega_n - \omega_{21})^2} \right] s_0^{(\mathrm{rel})} + \frac{1}{2} \varkappa_n \bar{\gamma} \frac{\omega_{21} - \omega_n}{2\bar{\gamma}^2 + (\omega_n - \omega_{21})^2}. \qquad (7.21)$$

Da der zweite Summand $\varrho_n E_n^2$ in Gl. (7.16) das entgegengesetzte Vorzeichen wie σ_n besitzt, beschreibt er eine „Abstoßung“ der Strahlungsfeldfrequenz hinsichtlich der

[1]) Auf Gl. (7.20) trifft ebenfalls das in Fußnote 1, S. 160, zu Gl. (7.10) Gesagte zu.

Atomfrequenz ω_{21} („frequency pushing"). Dividieren wir Gl. (7.21) durch $\omega_{21} - \omega_n$, so sehen wir, daß die Kreisfrequenz Ω_n der Eigenschwingung mit wachsender Inversionsdichte entweder auf die Zentralfrequenz ω_{21} der Atome zu oder von ihr wegrückt, je nachdem, ob der Ausdruck

$$\frac{Z_r(\omega_n - \omega_{21}, \bar{\gamma}, ku)}{\omega_{21} - \omega_n} - \frac{\bar{\gamma} Z_i(\omega_n - \omega_{21}, \bar{\gamma}, ku)}{2\bar{\gamma}^2 + (\omega_n - \omega_{21})^2}$$

positiv oder negativ ist, oder, was damit gleichbedeutend ist, ob in der Ungleichung

$$2\bar{\gamma}^2 + (\omega_n - \omega_{21})^2 \gtrless \frac{\bar{\gamma}(\omega_{21} - \omega_n) Z_i(\omega_n - \omega_{21}, \bar{\gamma}, ku)}{Z_r(\omega_n - \omega_{21}, \bar{\gamma}, ku)} \tag{7.22}$$

das Größer- oder das Kleiner-Zeichen gilt.

Wir machen zum Schluß noch eine Bemerkung über den nichtstationären Fall. Die Amplitude E_n der elektrischen Feldstärke genügt dann der Differentialgleichung (7.5), die in der Rundfunktechnik unter dem Namen VAN DER POLsche Gleichung bekannt ist und dort den Schwingungsvorgang bei einer Elektronenröhre mit nichtlinearer Strom-Spannungs-Charakteristik beschreibt. Dabei zeigt sich, daß eine Abweichung der Amplitude E_n von ihrem Gleichgewichtswert in jedem Fall gedämpft wird. Das sieht man am deutlichsten, wenn man in Gl. (7.5) den Gleichgewichtswert (7.14) einführt, den wir im folgenden einmal mit $E_{(\text{stat})}$ bezeichnen wollen. Man erhält dann

$$\dot{E}_n = \alpha_n \left[1 - \left(\frac{E_n}{E_{(\text{stat})}}\right)^2\right] E_n \quad (\alpha_n > 0, \text{s. o.}), \tag{7.23}$$

und $\dot{E}_n$ ist somit negativ, wenn $E_n > E_{(\text{stat})}$ gilt, und positiv, wenn das Umgekehrte der Fall ist. Das bedeutet, eine Abweichung der Amplitude vom Gleichgewichtswert führt stets zu einer solchen Änderung von E_n, die diese Abweichung zu verkleinern sucht, mit anderen Worten, es liegt eine Amplitudenstabilisierung vor.

4.8. Das „Löcher-Brennen“ („hole burning“)

Wie in Abschn. 4.3b erläutert, „nimmt“ ein mit der Geschwindigkeit v_z in Richtung der Resonatorachse fliegendes Atom an Stelle der Kreisfrequenz Ω_n des Strahlungsfeldes die beiden Frequenzen (3.25) „wahr“. Wenn sich im Laserbetrieb eine definierte Frequenz Ω_n eingestellt hat, liegt daher Resonanz nur für solche Atome vor, deren Geschwindigkeit v_z gemäß Gl. (3.26) gerade den Wert

$$v_z = \pm \frac{1}{k} (\Omega_n - \omega_{21}) \tag{8.1}$$

besitzt (wobei wir für die Wellenzahl k_n wieder den mittleren Wert k eingesetzt haben).

Da zu erwarten ist, daß hauptsächlich nur (näherungsweise jedenfalls) in Resonanz befindliche Atome mit dem elektromagnetischen Feld wechselwirken, kommen wir zu der Vorstellung, daß praktisch nur ein Teil der Atome an den Prozessen der induzierten Emission und Absorption beteiligt ist.

Im Rahmen der ersten Näherung, also in Schwellennähe, läßt sich der geschilderte Effekt auch quantitativ leicht erfassen. Wir gehen zu diesem Zweck noch einmal auf den Ausdruck (5.17) für die räumliche Fourier-Komponente $P_n(t)$ der Polarisation zurück und führen — im Gegensatz zu der früheren Rechnung — zuerst die τ-Integration aus. Wir haben dann also das Integral

$$I_2 \equiv \int_0^\infty \cos k v_z \tau \, e^{(i[\Omega_n - \omega_{21}] - \bar{\gamma})\tau} d\tau \tag{8.2}$$

zu bilden, das sich leicht zu

$$I_2 = \frac{1}{2}\int_0^\infty e^{i(kv_z+[\Omega_n-\omega_{21}])\tau-\overline{\gamma}\tau}d\tau + \frac{1}{2}\int_0^\infty e^{i(-kv_z+[\Omega_n-\omega_{21}])\tau-\overline{\gamma}\tau}d\tau$$

$$= \frac{1}{2}\left\{\frac{1}{\overline{\gamma}-i(kv_z+[\Omega_n-\omega_{21}])} + \frac{1}{\overline{\gamma}+i(kv_z-[\Omega_n-\omega_{21}])}\right\} \tag{8.3}$$

berechnet. Die vorstehende Funktion hat offensichtlich gerade an den Stellen (8.1) Maxima und bringt damit zum Ausdruck, daß zur Gesamtpolarisation hauptsächlich solche Atome beitragen, deren Geschwindigkeit in z-Richtung näherungsweise mit einem der Werte (8.1) zusammenfällt.

Dieser Sachverhalt wird sich auch oberhalb der Schwelle für die Lasertätigkeit (qualitativ jedenfalls) nicht ändern, und da auf Grund des in Abschn. 3.2 erwähnten Sättigungseffektes, i. e. der Abnahme der Inversion mit wachsender Photonenzahl (s. Gl. (2.6), Kapitel 3) eine Verminderung der Inversion für solche Atome eintritt, die an der Wechselwirkung mit dem Strahlungsfeld tatsächlich teilnehmen, ist folgender Effekt zu erwarten: Teilen wir die Inversion in die einzelnen Anteile auf, die den verschiedenen Geschwindigkeiten v_z der Atome entsprechen, betrachten wir also die Inversion als Funktion von v_z, so wird der durch die MAXWELLsche Geschwindigkeitsverteilung $W(v_z)$ (Gl. (3.43)) gegebene Kurvenverlauf im Ein-Frequenz-Betrieb des Lasers in der Weise verändert, daß an den Stellen (8.1) Einbeulungen auftreten (s. Abb. 21) oder, wie man sagt, „Löcher" in die Inversionskurve „gebrannt" werden. (Die Bezeichnung „hole burning" stammt von BENNETT [6].) Wenn eine Abstimmung vorgenommen wird ($\Omega_n \to \omega_{21}$), verschmelzen die beiden Löcher zu einem. Sind mehrere

Eigenschwingungen angeregt, so treten entsprechend auch mehr Löcher auf.

Mit der Konzeption des „Löcher-Brennens" wird nun auch das in Abb. 20 dargestellte Verhalten der Intensität des Strahlungsfeldes als Funktion der Verstimmung

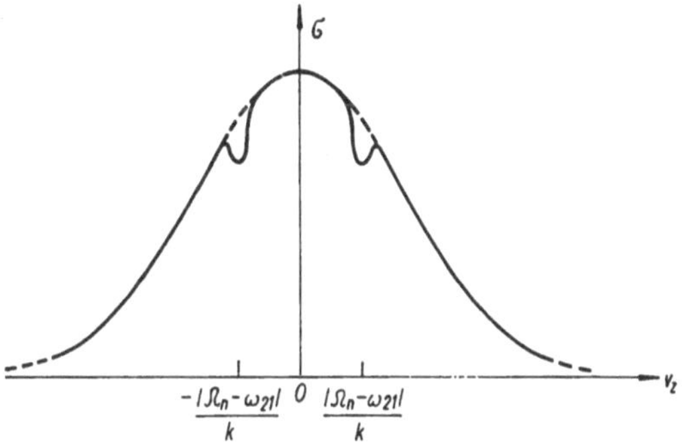

Abb. 21. Inversionskurve in Abhängigkeit von der Geschwindigkeit v_z der Atome mit „eingebrannten Löchern" (schematisch)

— der sogenannte „Lamb-dip" also — ohne weiteres verständlich: Im Resonanzfall gibt es nur ein Loch, bei Verstimmung dagegen sind es zwei, und es ist daher durchaus möglich, daß (unter geeigneten experimentellen Bedingungen) im zweiten Fall mehr Atome an der Ausstrahlung beteiligt sind als im ersten, was die vergrößerte Strahlungsleistung sofort erklärt.

4.9. Gleichzeitige Anregung zweier Eigenschwingungen

Wir beschäftigen uns nun mit dem Fall, daß aus dem Laser gleichzeitig zwei Frequenzen ausgestrahlt werden. Über die Polarisation des Mediums findet dann gemäß Gl. (7.1) eine Kopplung zwischen den zugehörigen Eigenschwingungen statt, die wir im folgenden zur Vereinfachung der Schreibweise statt durch die Zahlen n_1 und n_2

einfach durch die Indizes 1 und 2 kennzeichnen wollen. (Nur bei den ungestörten Resonatorfrequenzen ω_n behalten wir, um Verwechslungen mit den Atomfrequenzen zu vermeiden, die Indizes n_1 und n_2 bei.) Betrachten wir die zur Erregung der Eigenschwingung 1 beitragende Größe $P_1^{(3)}(t)$, so sind von den Summanden in Gl. (7.1) nur diejenigen von Bedeutung, bei denen die Frequenzdifferenz $\Omega_m - \Omega_{m'} + \Omega_{m''}$ in der Nähe von Ω_1 liegt. Falls neben der Eigenschwingung 1 nur noch eine weitere Eigenschwingung 2 angeregt ist, kommen nur die Möglichkeiten in Betracht, daß entweder alle drei Kreisfrequenzen $\Omega_m, \Omega_{m'}$ und $\Omega_{m''}$ mit Ω_1 zusammenfallen oder eine der Kreisfrequenzen Ω_m, $\Omega_{m''}$ gleich Ω_1 ist und die anderen beiden mit Ω_2 zu identifizieren sind. Der dem ersten Fall entsprechende Term tritt schon beim Ein-Frequenz-Betrieb in Erscheinung (und wurde in Abschn. 4.7 berücksichtigt), dagegen beschreiben die im zweiten Fall auftretenden Terme eine Kopplung zwischen den beiden Eigenschwingungen.

Berechnet man noch den Sinus-Anteil von $P_1^{(3)}(t)$ und geht damit — zusammen mit dem Beitrag erster Ordnung zu $P_1(t)$ — in die Grundgleichung (3.19) ein, so entsteht das gekoppelte Gleichungssystem

$$\dot{E}_1 = \alpha_1 E_1 - \beta_1 E_1^3 - \Theta_{12} E_1 E_2^2, \qquad (9.1)$$

$$\dot{E}_2 = \alpha_2 E_2 - \beta_2 E_2^3 - \Theta_{21} E_2 E_1^2. \qquad (9.2)$$

Die Koeffizienten α_j ($\equiv \alpha_{n_j}$) und β_j ($\equiv \beta_{n_j}$) sind dabei durch Gln. (7.9) und (7.10) gegeben. Explizite Ausdrücke für die Größen Θ_{12} und Θ_{21}, die offenbar für die Kopplung maßgeblich sind, schreiben wir nicht auf; sie lassen sich aus Gl. (7.1) unschwer erhalten und finden sich in [41][1]). Wir bemerken, daß in die Formeln für Θ_{12} und Θ_{21} neben der mittleren Inversionsdichte s_0 nun

---

[1]) Bei der Umrechnung der LAMBschen Formeln vom MKSQ-System auf das von uns verwendete GAUSSsche Maßsystem ist der Faktor $1/\varepsilon_0$ durch 4π zu ersetzen.

auch die räumliche FOURIER-Komponente $s_{\pm 2(n_2-n_1)} = s_2$ (für frequenzmäßig benachbarte Eigenschwingungen) der Inversionsdichte eingeht, was aus Gl. (7.1) sofort ersichtlich ist, wenn man z. B. $n = n_1$, $m = m' = n_2$, $m'' = n_1$ setzt. Das heißt also, die für den Ein-Frequenz-Betrieb bedeutungslose räumliche Abhängigkeit der Inversionsdichte hat einen Einfluß auf die Stärke der Kopplung zwischen zwei verschiedenen Eigenschwingungen.

Nun kann es zu einer merklichen gegenseitigen Beeinflussung zweier Eigenschwingungen offenbar nur dann kommen, wenn solche Atome vorhanden sind, die sowohl mit der einen als auch mit der anderen Eigenschwingung in Wechselwirkung stehen. Da, wie im vorangegangenen Abschnitt erläutert, jede Eigenschwingung (im Normalfall) zwei „Löcher" in die Inversionskurve „brennt", bedeutet dies, es muß ein von der einen Eigenschwingung herrührendes Loch mit einem Loch zusammenfallen, das durch die andere Eigenschwingung verursacht ist. Dieser Fall tritt dann ein, wenn (für $\Omega_2 > \Omega_1$) die Atomfrequenz ω_{21} einerseits mit der durch die DOPPLER-Verschiebung verkleinerten Kreisfrequenz $\Omega_2 - k|v_z|$ der Eigenschwingung 2 und andererseits mit der durch den DOPPLER-Effekt vergrößerten Kreisfrequenz $\Omega_1 + k|v_z|$ der Eigenschwingung 1 übereinstimmt — wenn sich die Atome also (im Fall $v_z > 0$) gleichzeitig mit dem nach rechts laufenden Anteil der Eigenschwingung 2 und mit dem nach links laufenden Anteil der Eigenschwingung 1 in Resonanz befinden —, d. h., wenn gilt

$$\Omega_2 - k|v_z| = \omega_{21} = \Omega_1 + k|v_z|. \qquad (9.3)$$

Aus Gl. (9.3) folgt durch Elimination von $k|v_z|$

$$\Omega_2 - \omega_{21} = -(\Omega_1 - \omega_{21}), \qquad (9.4)$$

was offenbar bedeutet, daß die Kreisfrequenzen Ω_2 und Ω_1 der beiden Eigenschwingungen in gleichem Abstand (rechts bzw. links) von der Zentralfrequenz ω_{21} der Atome liegen müssen. Da sich andererseits die Frequenzen Ω_1 und Ω_2 wegen der geringen Bandbreite der Resonatoreigenschwingungen nur sehr wenig von den zugehörigen ungestörten Eigenfrequenzen ω_{n_1} und ω_{n_2} entfernen können, ist ihre Differenz näherungsweise gleich dem Abstand Δ der ungestörten Eigenfrequenzen, und wir erhalten aus Gl. (9.4) für benachbarte Eigenschwingungen die Beziehungen

$$\Omega_2 = \omega_{21} + \frac{\Delta}{2}, \quad \Omega_1 = \omega_{21} - \frac{\Delta}{2} \quad \left(\Delta = \frac{\pi c}{L}\right). \tag{9.5}$$

Wenn die vorstehenden Gleichungen erfüllt sind — man spricht in diesem Fall von „midtuning" —, ist also mit größter gegenseitiger Beeinflussung der beiden Eigenschwingungen zu rechnen. In der Tat zeigen die expliziten Formeln [41], daß dann der zu s_0 proportionale Anteil von Θ_{12} und Θ_{21} maximal wird.

Wir wollen nun die Gln. (9.1) und (9.2) für die Amplituden der beiden Eigenschwingungen weiter diskutieren. Es empfiehlt sich, Gl. (9.1) mit $\frac{1}{2} E_1$ und entsprechend Gl. (9.2) mit $\frac{1}{2} E_2$ zu multiplizieren; es entsteht so ein Gleichungssystem für die Amplitudenquadrate $E_1^2 \equiv X$ und $E_2^2 \equiv Y$, nämlich

$$\dot{X} = 2X(\alpha_1 - \beta_1 X - \Theta_{12} Y), \tag{9.6}$$

$$\dot{Y} = 2Y(\alpha_2 - \Theta_{21} X - \beta_2 Y). \tag{9.7}$$

Die notwendige Bedingung für den stationären Betrieb lautet offenbar

$$\dot{X} = \dot{Y} = 0. \tag{9.8}$$

Graphisch bedeutet sie, es müssen sich, wenn beide Eigenschwingungen gleichzeitig angeregt sein sollen, die beiden Geraden

$$L_1:\ \beta_1 X + \Theta_{12} Y = \alpha_1 \tag{9.9}$$

und

$$L_2:\ \Theta_{21} X + \beta_2 Y = \alpha_2 \tag{9.10}$$

im ersten Quadranten schneiden (da ja $X \geq 0$ und $Y \geq 0$ gelten muß). Gehen wir von Anfangswerten $X = X_0$ und $Y = Y_0$ aus, so findet gemäß den Differentialgleichungen (9.6) und (9.7) eine zeitliche Änderung dieser Größen statt, die man in der X, Y-Ebene durch eine Kurve wiedergeben kann, die in den stationären Punkt einmündet. Aus Gln. (9.6) und (9.7) folgt wegen $dY/dX = \dot{Y}/\dot{X}$, daß die genannte Kurve die

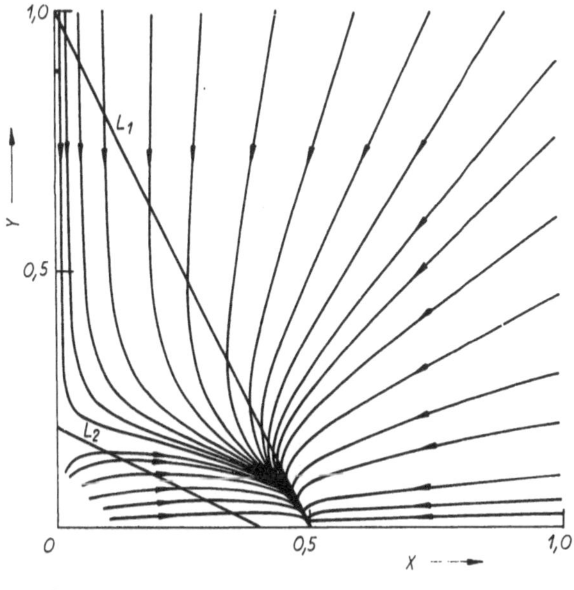

Abb. 22. Zwei-Frequenz-Betrieb des Lasers. Im stationären Zustand ist nur die energetisch begünstigte Eigenschwingung angeregt (nach [41])

Gerade L_1 vertikal und die Gerade L_2 horizontal schneidet (wenn sich die X-Achse nach rechts und die Y-Achse nach oben erstreckt). Wie geben nun graphisch die mit einem Analogrechner gewonnenen Ergebnisse wieder (s. [41]). Es zeigt sich, daß drei charakteristische Fälle zu unterscheiden sind:

a) Es liegt im ersten Quadranten überhaupt kein Schnittpunkt der beiden Geraden (9.9) und (9.10) vor. Dann münden, wie in Abb. 22 dargestellt, alle Kurven im Punkt $X = \alpha_1/\beta_1$, $Y = 0$, wenn vorausgesetzt wird, daß $\alpha_1/\beta_1 > \alpha_2/\beta_2$ gilt, was nach Gl. (7.14) bedeutet, daß sich der Laserbetrieb im Fall der Eigenschwingung 2 in größerer Nähe der Schwelle abspielt als im Fall der Eigenschwingung 1. (Dies kann experimentell durch Verstimmung oder große Resonator-

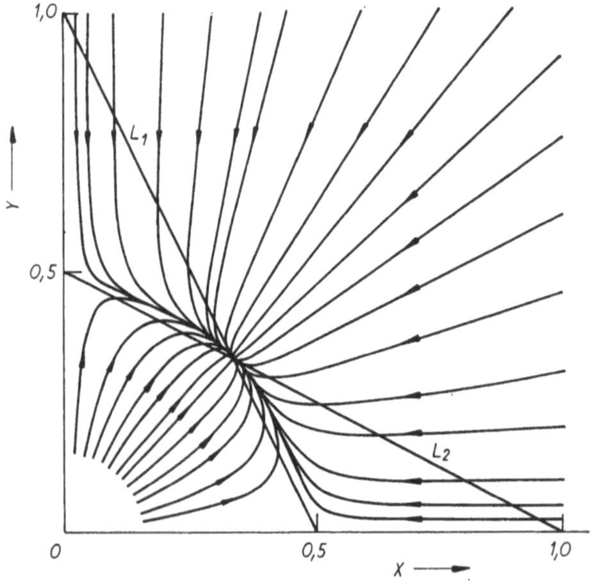

Abb. 23. Koexistenz zweier Eigenschwingungen im Fall schwacher Kopplung (nach [41])

verluste für die Eigenschwingung 2 bedingt sein.) Stationär ist somit nur der Ein-Frequenz-Betrieb, bei dem die Ausstrahlung mit der Kreisfrequenz Ω_1 erfolgt. Wie aus Abb. 22 ersichtlich ist, gehen auch solche Ausgangszustände, bei denen praktisch nur die Eigenschwingung 2 angeregt ist, im Laufe der Zeit in diesen stationären Zustand über, so daß also die Eigenschwingung 1 auch dann, wenn ihre Intensität anfangs nur schwach ist, die Eigenschwingung 2 zu unterdrücken vermag.

b) Die Geraden L_1 und L_2 schneiden sich im ersten Quadranten, und die Kopplung ist schwach, das soll heißen, es gilt $\beta_1\beta_2 > \Theta_{12}\Theta_{21}$. Dann münden, wie in Abb. 23 zu sehen, alle Kurven in dem Schnittpunkt der beiden Geraden, der somit den stationären Betrieb repräsentiert. Auch wenn anfangs nur eine Eigenschwingung merklich angeregt ist, stellt sich im Laufe der Zeit der Zwei-Frequenz-Betrieb ein. Es liegt also „friedliche Koexistenz" der beiden Eigenschwingungen vor.

c) Im ersten Quadranten ist ein Schnittpunkt der Geraden L_1 und L_2 vorhanden, und es besteht die Ungleichung $\beta_1\beta_2 < \Theta_{12}\Theta_{21}$, die starker Kopplung entspricht. In diesem Fall kennzeichnet der Schnittpunkt einen unstabilen Zustand. Wie Abb. 24 erkennen läßt, sind zwei stabile Zustände möglich, bei denen jeweils eine der Kreisfrequenzen Ω_1 und Ω_2 ausgestrahlt wird. Diejenige Eigenschwingung, die schon im Ausgangszustand energetisch bevorzugt ist, „setzt sich" dabei „durch" und „löscht" die andere „aus".

In praxi haben wir es beim Gaslaser meist mit dem Fall b, also mit Koexistenz der Eigenschwingungen zu tun. Die im stationären Fall sich einstellenden Intensitäten ergeben sich dann aus Gln. (9.9) und (9.10) zu

$$E_1^2 = \frac{\beta_2\alpha_1 - \Theta_{12}\alpha_2}{\beta_1\beta_2 - \Theta_{12}\Theta_{21}},$$

$$E_2^2 = \frac{\beta_1\alpha_2 - \Theta_{21}\alpha_1}{\beta_1\beta_2 - \Theta_{12}\Theta_{21}}. \tag{9.11}$$

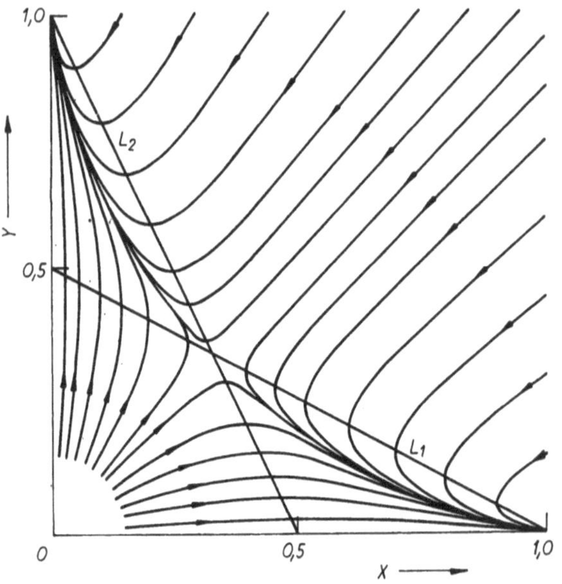

Abb. 24. Zwei-Frequenz-Betrieb bei starker Kopplung. Im stationären Zustand erfolgt die Ausstrahlung entweder mit der Frequenz der einen oder der anderen Eigenschwingung (nach [41])

Für die Kreisfrequenzen der Strahlung erhält man, wenn man die Grundgleichung (3.20) unter Verwendung von (7.1) auswertet, die Beziehungen

$$\Omega_1 = \omega_{n_1} + \sigma_1 + \varrho_1 E_1^2 + \tau_{12} E_2^2,$$

$$\Omega_2 = \omega_{n_2} + \sigma_2 + \varrho_2 E_2^2 + \tau_{21} E_1^2, \qquad (9.12)$$

wobei die Koeffizienten $\sigma_j (\equiv \sigma_{n_j})$ und $\varrho_j (\equiv \varrho_{n_j})$ durch die Formeln (7.19) und (7.20) definiert sind. Explizite Ausdrücke für die Koeffizienten τ_{12} und τ_{21} sind in [41] (s. Fußnote 1, S. 168) angegeben.

Wir beschränken uns im folgenden auf den experimentell wichtigsten Fall des „midtuning“ gemäß Gl. (9.5) und setzen voraus, daß die Größen γ_1 und γ_2 sehr viel kleiner als der Abstand der ungestörten Eigenfrequenzen ω_n sind. Dann gilt nach [41] näherungsweise

$$\beta_1 \simeq \beta_2 \simeq \Theta_{12} \simeq \Theta_{21} \simeq \frac{\pi^{3/2} D_{12}^4 s_0}{4 \hbar^3 k u \gamma_1 \gamma_2} \equiv \beta, \quad (9.13)$$

$$\varrho_2 \approx -\varrho_1 = \frac{2\overline{\gamma}\beta}{\Delta} \equiv \varrho, \quad (9.14)$$

$$\tau_{12} \approx -\tau_{21} \approx -\varrho. \quad (9.15)$$

Bei gleichen Verlusten der beiden Eigenschwingungen können wir nach (7.9) außerdem schreiben

$$\alpha_1 \approx \alpha_2 \simeq \frac{\varkappa_n}{2} \left\{ s_0^{(\mathrm{rel})} \frac{Z_i\left(\frac{\Delta}{2}, \overline{\gamma}, ku\right)}{Z_i(0, \overline{\gamma}, ku)} - 1 \right\} \equiv \alpha. \quad (9.16)$$

Damit folgen dann aus Gln. (9.11) die Intensitäten der beiden Eigenschwingungen zu

$$E_1^2 = E_2^2 = \frac{1}{2} \frac{\alpha}{\beta}, \quad (9.17)$$

d. h., die Intensitäten sind halb so groß wie im Ein-Frequenz-Betrieb (s. Gl. (7.14)), und für die zugehörigen Kreisfrequenzen findet man

$$\Omega_1 = \omega_{n_1} + \sigma_1 - \varrho \frac{\alpha}{\beta},$$

$$\Omega_2 = \omega_{n_2} + \sigma_2 + \varrho \frac{\alpha}{\beta}. \quad (9.18)$$

Für die Frequenzdifferenz ergibt sich so unter Beachtung von (9.14) der Wert

$$\Omega_2 - \Omega_1 \simeq \Delta + \sigma_2 - \sigma_1 + \frac{4\overline{\gamma}\alpha}{\Delta}. \quad (9.19)$$

Diese Größe ist experimentell genau bestimmbar (im Gegensatz zu den Absolutwerten der Frequenzen):

Wenn man zum Nachweis der Laserstrahlung einen Photovervielfacher benutzt, tritt sie als Schwebungsfrequenz im Photostrom auf.

In der Näherung (9.13) ist offenbar noch nicht erkennbar, ob schwache oder starke Kopplung (in dem oben definierten Sinn) vorliegt. Um dies zu entscheiden, muß man die Koeffizienten β_1, β_2 und Θ_{12}, Θ_{21} genauer berechnen. Man kommt dann (im Fall des „midtuning") zu dem Ergebnis, daß die Differenz $\beta_1\beta_2 - \Theta_{12}\Theta_{21}$ das gleiche Vorzeichen wie die Größe $s_0 + s_2$ besitzt (s. [41]). Der letztgenannte Ausdruck ist normalerweise positiv, da auf alle Fälle die mittlere Inversionsdichte s_0 positiv sein muß, damit Lasertätigkeit überhaupt möglich ist, und die räumliche FOURIER-Komponente s_2 der Inversionsdichte bei nicht zu großer räumlicher Änderung der Inversionsdichte dem Betrage nach sicher kleiner als s_0 ist. Im Prinzip ließe sich allerdings eine experimentelle Anordnung denken, bei der $s_0 + s_2 < 0$ gilt; auf Grund der Definition von s_2 (s. Gl. (5.18)) müßten sich dann die Inversionsdichte $s(z, t)$ und die Funktion $\cos(2\pi/L)z$ im Vorzeichen unterscheiden; das bedeutet im einzelnen, es müßte $s(z, t)$ in den Intervallen $0 \cdots L/4$ und $3L/4 \cdots L$ negativ und in dem dazwischenliegenden Bereich positiv sein. Dies ließe sich beim He-Ne-Laser praktisch dadurch erreichen, daß man den Durchmesser des Entladungsrohres in der Nähe der Enden vergrößert; dann werden in diesen Rohrabschnitten die Wandstöße vermindert, und das untere Niveau des Laserüberganges wird dadurch schwächer entleert (s. Abschn. 1.3), so daß sich dort — unter geeigneten Bedingungen — keine (positive) Inversion ausbildet.

4.10. Frequenzsynchronisation („frequency locking")

Wir wollen uns nun zum Abschluß dieses Kapitels mit dem Drei-Frequenz-Betrieb des Lasers beschäftigen. Hier tritt eine interessante Erscheinung auf, die man als Frequenzsynchronisation bezeichnet. Es handelt sich dabei um folgenden Effekt: Beobachtet man die beiden Schwebungsfrequenzen $\Omega_{32} \equiv \Omega_3 - \Omega_2$ und $\Omega_{21} \equiv \Omega_2 - \Omega_1$ und bewirkt durch stetige Veränderung der Abstimmung des Resonators, daß sich die Werte von Ω_{32} und Ω_{21} einander nähern, so fallen die beiden Schwebungsfrequenzen sprunghaft zusammen, sobald der Abstand zwischen ihnen einen kritischen Wert von der Größenordnung 10^3 Hz erreicht. Im folgenden soll nun eine theoretische Erklärung für den geschilderten Effekt gegeben werden.

Dazu gehen wir von der Grundgleichung (3.20) für die Frequenz der Eigenschwingung n aus. Der hier auftretende Kosinus-Anteil C_n der Polarisation setzt sich aus einem Term, der nur von den Daten der Eigenschwingung n selbst abhängt (und daher schon für den Ein-Frequenz-Betrieb bedeutsam ist, s. Gl. (7.16)), und weiteren Termen zusammen, die eine Kopplung zwischen den Eigenschwingungen zum Ausdruck bringen. Die letzteren sind aus der Formel (7.1) für den Beitrag dritter Ordnung zur Fourier-Komponente $P_n(t)$ der Polarisation zu entnehmen. Wir müssen uns nun überlegen, welche Summanden in Gl. (7.1) im Fall des Drei-Frequenz-Betriebes eine merkliche Rolle spielen.

Wir setzen zunächst voraus, daß die (durch die Indizes 1, 2, 3 gekennzeichneten) Eigenschwingungen frequenzmäßig benachbart sind ($\omega_{n_1} = \omega_{n_2} - \Delta$, $\omega_{n_3} = \omega_{n_2} + \Delta$). Betrachten wir etwa die zur Anregung der Eigenschwingung 1 beitragende räumliche Fourier-Komponente $P_1^{(3)}(t)$ der Polarisation, so sind in Gl. (7.1) nur solche Summanden von Bedeutung, bei denen die Frequenzkombination $\Omega_m - \Omega_{m'} + \Omega_{m''}$ in der Nähe von Ω_1 liegt. Zunächst ergibt sich genau die Kreisfrequenz Ω_1 für den Fall, daß

a) alle drei Kreisfrequenzen Ω_m, $\Omega_{m'}$ und $\Omega_{m''}$ mit Ω_1 übereinstimmen und
b) eine der Kreisfrequenzen Ω_m und $\Omega_{m''}$ mit Ω_1 identisch ist und die anderen beide gleich Ω_2 oder Ω_3 sind.

Zu diesen Möglichkeiten, die in analoger Weise schon beim Zwei-Frequenz-Betrieb vorkamen, tritt nun im Fall der Koexistenz dreier Eigenschwingungen eine weitere hinzu, die dadurch bedingt ist, daß sich die Größe $2\Omega_2 - \Omega_3$ nur sehr wenig von Ω_1 unterscheidet. (In der Tat gilt ja, falls wir von Frequenzverschiebungen absehen, also die ungestörten Resonatorfrequenzen betrachten, $2\omega_{n_2} - \omega_{n_3} = 2\omega_{n_2} - (\omega_{n_2} + \Delta) = \omega_{n_2} - \Delta = \omega_{n_1}$.) Die Kreisfrequenz $2\Omega_2 - \Omega_3$ entspricht offenbar der Kombination

c) $\Omega_m = \Omega_{m''} = \Omega_2$ und $\Omega_{m'} = \Omega_3$.

Berechnen wir den mit der Kreisfrequenz Ω_1 schwingenden Kosinus-Anteil von $P_1^{(3)}(t)$, so erhalten wir also im Fall c ausnahmsweise einen zeitlich nicht konstanten, vielmehr mit der Kreisfrequenz $2\Omega_2 - \Omega_3 - \Omega_1$ sich ändernden Term. Das gleiche gilt, wie man sich leicht überlegt, auch für die Größen $P_2^{(3)}(t)$ und $P_3^{(3)}(t)$, und wir gelangen zu folgendem gekoppelten Gleichungssystem

$$\Omega_1 = \omega_{n_1} + \sigma_1 + \varrho_1 E_1^2 + \tau_{12} E_2^2 + \tau_{13} E_3^2 + \frac{E_2^2 E_3}{E_1} \times (\eta_{23} \sin\psi - \xi_{23} \cos\psi), \tag{10.1}$$

$$\Omega_2 = \omega_{n_2} + \sigma_2 + \varrho_2 E_2^2 + \tau_{21} E_1^2 + \tau_{23} E_3^2 + E_1 E_3 \times (\eta_{13} \sin\psi - \xi_{13} \cos\Psi), \tag{10.2}$$

$$\Omega_3 = \omega_{n_3} + \sigma_3 + \varrho_3 E_3^2 + \tau_{31} E_1^2 + \tau_{32} E_2^2 + \frac{E_2^2 E_1}{E_3} \times (\eta_{21} \sin\psi - \xi_{21} \cos\psi), \tag{10.3}$$

wobei mit Ψ die Größe

$$\psi \equiv (2\Omega_2 - \Omega_3 - \Omega_1)t + 2\varphi_2 - \varphi_3 - \varphi_1 \tag{10.4}$$

abgekürzt wurde. Die Koeffizienten σ_i und ϱ_i sind die gleichen wie früher (s. Gln. (7.19) und (7.20)); explizite

Ausdrücke für die übrigen Koeffizienten können der LAMBschen Arbeit entnommen werden (s. Fußn. 1 S. 168).

Sehen wir der Einfachheit halber von den kleinen Effekten des „frequency pushing“ ab, d. h., setzen wir die Koeffizienten ϱ_i und τ_{ij} näherungsweise gleich Null, und subtrahieren wir die Summe der Gln. (10.1) und (10.3) von der mit Zwei multiplizierten Gl. (10.2), so entsteht eine Relation der Form

$$2\Omega_2 - \Omega_3 - \Omega_1 = \sigma + A \sin \psi + B \cos \psi \quad (10.5)$$

mit

$$\sigma \equiv 2\sigma_2 - \sigma_3 - \sigma_1 . \quad (10.6)$$

Für die Koeffizienten A und B gilt nach [41] in der Näherung $\bar{\gamma} \ll \Delta \ll ku$ und für $E_1 = E_3$

$$A \approx \frac{\pi^{3/2} \omega_{n_2} D_{12}^4}{2\hbar^3 ku\, \Delta^2} \{(s_0 + 2s_2)E_2^2 + 2(s_0 - 2s_2)E_1^2\}, \quad (10.7)$$

$$B \approx 0 . \quad (10.8)$$

Bei der Diskussion der Gl. (10.5) sind je nach der Größe von σ zwei Fälle zu unterscheiden. Setzen wir zuerst voraus, daß die Ungleichung

$$A^2 + B^2 \ll \sigma^2 \quad (10.9)$$

besteht, so sind die zeitabhängigen Terme in Gl. (10.5) vernachlässigbar, und wir erhalten einfach

$$2\Omega_2 - \Omega_3 - \Omega_1 \approx \sigma . \quad (10.10)$$

Damit sind die von Ψ abhängenden Summanden in den Gln. (10.1) bis (10.3) periodische Funktionen der Zeit. In einer ersten Näherung mitteln sie sich weg, so daß (bei Außerachtlassen des „frequency pushing“) die Kopplung zwischen den Eigenschwingungen näherungsweise verschwindet. Für die Kreisfrequenzen der Laserstrahlung ergeben sich somit genähert die im jeweiligen Ein-Frequenz-Betrieb auftretenden Werte

$$\Omega_i \approx \omega_{n_i} + \sigma_i \qquad (i = 1, 2, 3). \tag{10.11}$$

Anders liegen die Dinge im Fall

$$A^2 + B^2 > \sigma^2. \tag{10.12}$$

Dann ist Gl. (10.5) nur erfüllbar, wenn die rechte Seite gar nicht von t abhängt, d. h., wenn gilt

$$2\Omega_2 - \Omega_3 - \Omega_1 = 0 \quad \text{oder} \quad \Omega_3 - \Omega_2 = \Omega_2 - \Omega_1. \tag{10.13}$$

Man beachte, daß Gl. (10.5) dann noch die relative Phase $2\varphi_2 - \varphi_3 - \varphi_1$ festlegt.

Gl. (10.13) bringt offenbar die oben geschilderte Frequenzsynchronisation zum Ausdruck. Der Nachweis dieses Effektes hat also in der Weise zu geschehen, daß der Wert von $|\sigma|$ stetig verkleinert wird. Da sich in der Näherung (6.9) für das „frequency pulling" der Wert von σ nach einer kleinen Rechnung zu

$$\sigma = 2(\omega_{n_2} - \omega_{21})\, S \left(\frac{\Delta}{ku}\right)^2 \tag{10.14}$$

ergibt (wobei auf der rechten Seite von Gl. (6.9) Ω_i durch ω_{n_i} ersetzt wurde), bedeutet dies, man geht von einer Verstimmung zwischen der Resonatorfrequenz ω_{n_2} und der Zentralfrequenz ω_{21} der Atome aus und stimmt dann die Resonatorfrequenz ω_{n_2} immer besser auf die Atomfrequenz ab. Nach Gl. (10.10) rücken dabei die Schwebungsfrequenzen Ω_{32} und Ω_{21} einander immer näher, und sobald der Abstand zwischen ihnen einen charakteristischen Wert von der Größenordnung $\sqrt{A^2 + B^2}$ erreicht, nimmt er sprunghaft den Wert Null an.

Damit haben wir in diesem Kapitel die wesentlichen Aussagen der halbklassischen Theorie des Lasers hergeleitet. Offen bleiben die Fragen der Linienbreite und der Amplitudenfluktuationen des Laserlichtes, da bei klassischer Beschreibung des Strahlungsfeldes für den stationären Fall scharfe Werte der Frequenzen und Amplituden erhalten wurden. In der Tat sind die Linienbreite und die Amplitudenschwankungen der Laserstrahlung (unter idealen Bedingungen) letztlich durch die spontanen Emissionsprozesse bedingt, die in der semiklassischen Behandlung von vornherein fehlen und zwanglos nur aus einer Theorie, bei der auch das Strahlungsfeld quantisiert wird, berechnet werden können. Mit einer solchen vollständig quantenmechanischen Beschreibung der Vorgänge im Laser wollen wir uns nun in den folgenden Kapiteln beschäftigen.

Sachverzeichnis

Aus der gleichen Reihe emphehlen wir:

GERHARD HEBER

Mathematische Hilfsmittel der Physik
Band I

1967. 162 Seiten, 25 Abbildungen, 8°, Broschur

In diesem Band werden einige in der Physik häufig benutzte mathematische Methoden, Sätze und Formeln aus den Bereichen Differential- und Integralrechnung; Vektoralgebra, Vektoranalysis, Tensorenanalysis; Reihenentwicklungen; Ausgleichsrechnung; Matrizen, Determinanten, Operatoren sowie Funktionstheorie kurz dargestellt bzw. zusammengefaßt.
Der Verfasser hat im allgemeinen die Beweise der behandelten Methoden, Sätze und Formeln fortgelassen, so daß das Büchlein im Stil einem Repetitorium für Studenten der Physik und für in der Praxis tätige Physiker ähnelt, die einfache physikalische Rechnungen auszuführen haben.

Ihr Buchhändler hält alle Wissenschaftlichen Taschenbücher für Sie bereit!

Der Autor

- **beginnt mit einer Schilderung der grundlegenden Prozesse, die sich in einem Laser abspielen**
- **behandelt die Dynamik des Laservorganges mit Hilfe von Bilanzgleichungen**
- **schließt an eine ausführliche Darstellung der semiklassischen Theorie des Lasers und ihrer praktisch bedeutsamen Ergebnisse**
- **diskutiert die Effekte der Frequenzverschiebung und die Problematik der Koexistenz verschiedener Lasereigenschwingungen**

WISSENSCHAFTLICHE TASCHENBÜCHER

FSC
www.fsc.org
MIX
Papier | Fördert gute Waldnutzung
FSC® C083411

Kolibri 360 GmbH
Ferdinand-Jühlke-Straße 7
99095 Erfurt, Deutschland
produktsicherheit@kolibri360.de